PRINCIPES

DE LA

MÉCANIQUE MOLÉCULAIRE

RELATIFS

A L'ÉLASTICITÉ ET A LA CHALEUR

DES CORPS,

PAR ÉTIENNE GÉNY

> Les lois naturelles, qui nous sont inconnues, sont d'une telle simplicité, que les vérités mathématiques les plus vulgaires suffiront pour les établir.
>
> (LAMÉ — *Théorie de la chaleur*)

NICE
IMPRIMERIE CAISSON & MIGNON
Place St-Dominique, 1
186[illegible]

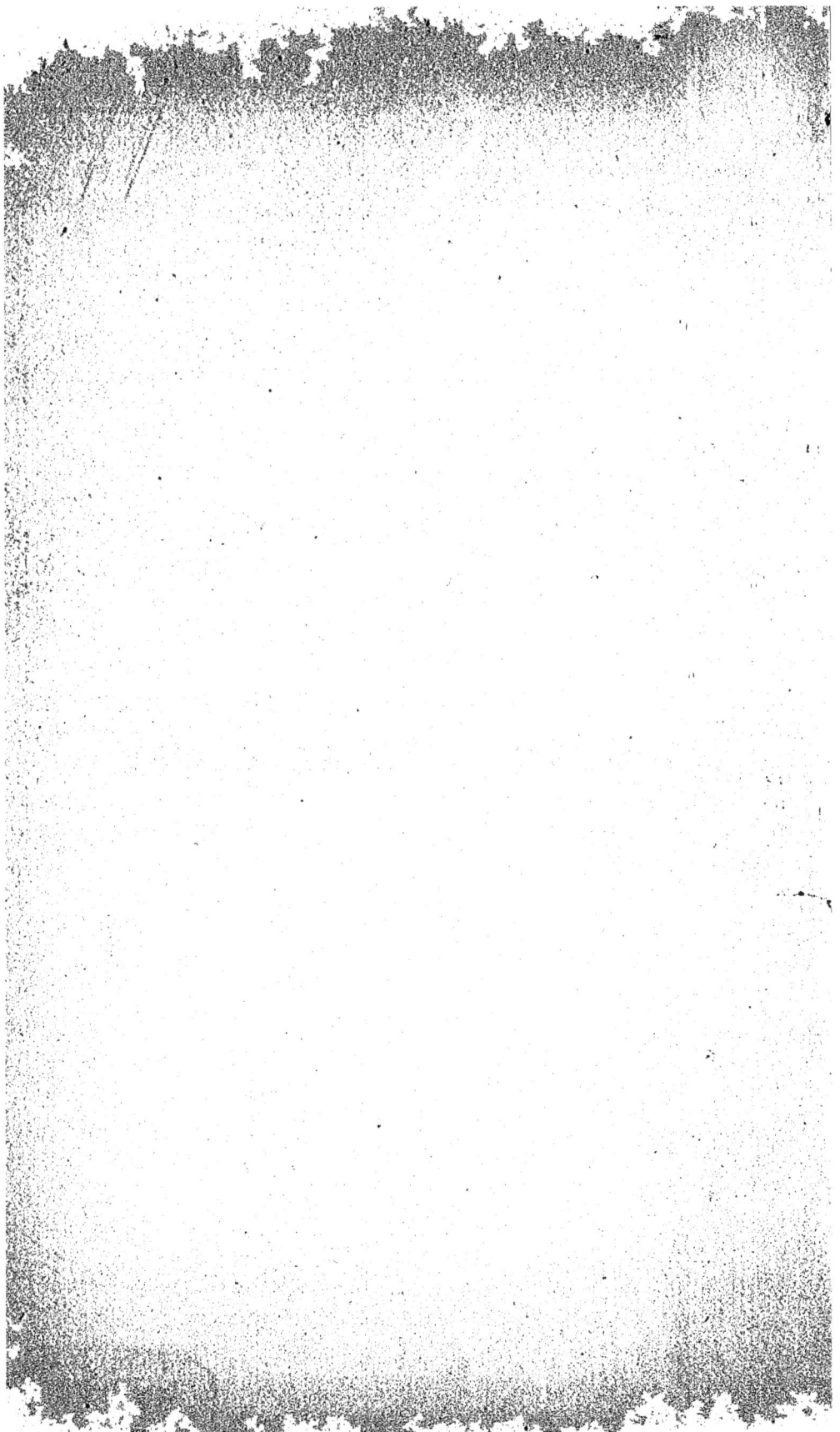

PRINCIPES

DE LA

MÉCANIQUE MOLÉCULAIRE.

PRINCIPES

DE LA

MÉCANIQUE MOLÉCULAIRE

RELATIFS

A L'ÉLASTICITÉ ET A LA CHALEUR DES CORPS,

PAR ÉTIENNE GÈNY.

Les lois naturelles, qui nous sont inconnues, sont d'une telle simplicité, que les vérités mathématiques les plus vulgaires suffiront pour les établir.

(LAMÉ — *Théorie de la chaleur*).

NICE
IMPRIMERIE CAISSON & MIGNON
Place St-Dominique, 1.

1876.

PRÉFACE.

L'ouvrage que nous avons l'honneur de présenter au public, n'est que la reproduction d'un mémoire qui a concouru en 1875, pour le grand prix des sciences mathématiques. Le jugement de l'Académie des Sciences fait mention de ce mémoire en ces termes:

« L'Académie avait proposé la question suivante: *étudier l'élasticité*
« *des corps cristallisés, au double point de vue expérimental et*
« *théorique*. La seule pièce envoyée au concours contient, sur la cons-
« titution des corps, des recherches qui n'ont qu'un rapport indirect
« avec le programme du prix, etc.»

Pour entreprendre cette étude, avec quelque succès, il aurait fallu avoir une connaissance parfaite de la constitution intérieure des milieux cristallisés et des lois qui régissent le phénomène de l'élasticité. Or, ces lois sont encore un mystère pour la science actuelle, à tel point que les recherches faites jusqu'à ce jour ont été généralement dirigées de manière à en faire abstraction, pour pouvoir ensuite les déduire comme conséquences nécessaires de l'application des principes généraux de la Mécanique rationnelle.

En parvenant, par nos propres recherches, à la découverte de quelques-unes de ces lois physiques, nous avons cru faire un travail préliminaire indispensable, pouvant en quelque sorte être interprété comme un commencement de solution. Mais nous étions astreint à un programme beaucoup plus exigeant.

I.

La Mécanique moléculaire a pour objet de déterminer les lois qui régissent les phénomènes intérieurs des corps; cette science comprend diverses branches, parmi lesquelles figurent les deux théories si connexes de l'élasticité et de la chaleur, que nous avons particulièrement en vue dans ces recherches.

En suivant avec attention les phénomènes qui se produisent dans la déformation des corps, on reconnaît qu'ils accusent constamment l'existence de deux forces opposées, l'attraction et la répulsion, de la combinaison desquelles résulte l'élasticité. Si, ensuite, on cherche à se rendre compte des conditions auxquelles doivent satisfaire deux fonctions de la distance, pour que leur différence produise le phénomène caractéristique de l'élasticité, c'est-à-dire que le corps tende à revenir à sa forme primitive quand on l'a déformé d'une manière quelconque, on trouvé que deux fonctions telles que l'une décroisse plus rapidement que l'autre, satisfont à cette condition. Enfin, si, bien convaincu que la Nature a horreur des complications inutiles, on conçoit que la force d'attraction qui agit entre les molécules des corps, est la même que celle qui agit dans l'espace entre les corps eux-mêmes ; en d'autres termes, que l'attraction moléculaire et la gravitation universelle sont des forces identiques, on connaîtra déjà une des deux forces qui doivent composer la fonction de l'élasticité, et, alors, au moyen de simples artifices d'analyse, il sera possible de déterminer l'autre.

On arrive ainsi à la découverte d'une des lois les plus importantes de la Nature, la force répulsive, qui varie en raison directe des masses et de la quantité de chaleur et en raison inverse du cube de la distance. Les principes de la Mécanique rationnelle suffisent ensuite pour démontrer que la puissance vive de cette force, qui constitue la dilatation ou le phénomène visible de la chaleur, varie en raison directe de la quantité de chaleur et en raison inverse du carré de la distance.

La fonction de l'élasticité, qui résulte de la différence des deux forces attractive et répulsive, est remarquable par sa simplicité ; elle ne dépend que de la chaleur et de la distance des molécules, qui sont ses seules variables, et, sous cette forme complète, elle est éminemment propre à nous dévoiler les secrets de la nature physique.

II.

La discussion de la formule de l'élasticité de deux molécules conduit à la définition précise des divers états des corps : solide, liquide et gazeux. Elle explique la ténacité des corps solides et l'effort limite appelé en pratique charge de rupture.

III.

Un corps quelconque est le lieu géométrique d'un nombre infini de points matériels, qui agissent les uns sur les autres par attraction et répulsion ; mais un point quelconque de la masse ne supporte que la répulsion des points contigus, tandis qu'il est soumis à l'attraction de tous les autres. Ce fait provient de ce que la source de la force répulsive n'a qu'une action directe et s'épuise en raison des masses qu'elle sollicite, tandis que celle de l'attraction est inépuisable. Pour ce qui est de l'attraction, il suffit donc ici, comme dans la théorie connue de l'attraction des ellipsoïdes, de calculer l'action de la masse du corps sur un point donné dans son intérieur. Toutefois, dans le phénomène qui nous occupe, les distances des molécules varient constamment et cette variation dans les distances en produit une dans les actions moléculaires ; par suite, les composantes de l'action mutuelle, entre un point intérieur et le reste du corps, varient également, et le calcul doit tenir compte de toutes ces variations.

Lorsqu'un corps est à l'état de repos relatif, les forces qui sollicitent chacun de ses points se font équilibre ; mais quand on exerce un effort à la surface, celle-ci entre en mouvement, l'ébranlement se communique aux molécules intérieures, le corps se déforme et se constitue bientôt dans un nouvel état d'équilibre. Il en résulte qu'en chaque point de la masse il y a équilibre entre l'effort extérieur et la résultante des forces moléculaires; en d'autres termes, le corps est en état d'équilibre intérieur, et l'élasticité en un point quelconque est donnée par la pression en ce point.

Nous établissons l'équation générale de l'équilibre dans le cas, très-simple, où la forme du corps reste toujours déterminée, ainsi que cela a lieu en général pour les fluides élastiques; dans ce cas, en effet, on connaît à chaque instant, les composantes des actions intérieures mutuelles; quant aux forces extérieures, elles peuvent être nulles, constantes ou variables avec leur point d'application. Nous démontrons que si les forces extérieures sont nulles, constantes ou fonctions d'une seule coordonnée, l'équilibre intérieur entretient le corps en état de densité uniforme: résultat important, qui vient dissiper complétement le doute qui planait encore sur la possibilité de considérer l'élasticité comme une résultante d'actions moléculaires mutuelles.

Nous établissons également l'équation de l'équilibre intérieur des corps parfaitement libres, tels qu'ils seraient, par exemple, en tombant dans le vide, et nous démontrons que dans ces conditions, le corps est nécessairement homogène et d'élasticité constante: conséquence importante qui conduit à l'explication naturelle de l'homogénéité des corps solides et de l'infinité de formes que comporte leur équilibre intérieur.

Les molécules de la matière, même dans le cas des corps non cristallisés, ne sont pas agglomérées d'une manière quelconque; mais elles présentent, en général, une disposition régulière qui divise la masse en concamérations polyédriques. En appelant système moléculaire l'espace élémentaire vide et de forme polyédrique dont chaque sommet est occupé par une molécule, nous démontrons que le système moléculaire des fluides élastiques homogènes est un hexaèdre et celui des corps solides homogènes et d'élasticité constante, un octaèdre.

La considération des systèmes moléculaires semble appelée à jouer un rôle important dans la Mécanique moléculaire, en nous dévoilant les mystères de la constitution intérieure des milieux pondérables: car, déjà, dès son début, elle nous permet d'établir une théorie simple et très-naturelle de la formation des cristaux.

Les formules déduites de la présente théorie ont partout un contact remarquable avec l'expérience; et la discussion de la formule de l'élasticité d'un grand nombre de molécules conduit aisément à l'explication des principaux phénomènes qui se rattachent à la Mécanique moléculaire, tels que la saturation, la liquéfaction et la solidification par compression.

IV.

Le calorique a une liaison intime avec l'élasticité; c'est de lui que dépend la distance des molécules lors de l'équilibre d'élasticité, et c'est à sa présence qu'est due la force élastique des gaz; on ne peut par conséquent pas traiter de l'élasticité des corps, sans aborder également la théorie de la chaleur; et cette dernière branche de la Mécanique moléculaire conduit à des conséquences non moins importantes que la première.

Ainsi, on trouve que la quantité de température échangée, dans l'élément de temps, entre deux molécules est proportionnelle à la racine carrée de la différence de leurs températures et en raison inverse du carré de leur distance. Ce principe, que nous avons démontré dans les deux cas, de molécules de même nature et de nature différente, est comparable, par sa précision, à un théorème d'analyse; son application conduit à la valeur exacte de la température finale, et la loi qu'il définit est plus rapide que celle de Newton, ainsi que l'exigent les expériences; mais son plus éclatant triomphe, et ce qui donne surtout un cachet suprême de réalité à la présente théorie, c'est qu'on démontre avec la plus grande facilité que les caloriques spécifiques des corps sont en raison inverse des poids atomiques, ainsi que Dulong et Petit l'avaient conclu de leurs expériences en 1819.

V.

Nous vérifions nos formules rationnelles par des applications numériques, et les résultats coïncident avec ceux de l'expérience, reproduits par des formules empiriques connues.

La théorie que nous inaugurons, introduit dans les calculs deux constantes, une universelle, c'est-à-dire commune à tous les corps, c'est la force d'attraction de deux unités de masse à l'unité de distance; nous déterminons sa valeur au moyen des résultats connus de la célèbre expérience de Cavendish, pour déterminer la densité moyenne de la Terre, et nous trouvons qu'elle a pour valeur 0^k.000.000.000.656.25.... L'autre constante, particulière à chaque corps, est un coefficient spécifique de la chaleur, qui a pour valeur le rapport constant des masses des molécules de deux corps de nature différente.

Comme on le voit, toutes ces constantes ont une signification naturelle bien définie; elles sont par conséquent de vraies constantes et non pas de simples coefficients constants, propres à faire coïncider une formule avec l'expérience. Nous ne saurions mieux comparer la première qu'au rapport constant de la circonférence au diamètre, et la seconde au module d'un système de logarithmes.

Quand une théorie mathématique est parvenue ainsi à donner la raison de toutes les quantités qui entrent dans ses formules, on peut affirmer qu'elle est dans sa phase définitive, et que les découvertes ultérieures pourront la développer, mais nullement la modifier.

Nice, le 15 février 1876

GÉNY.

PRINCIPES

DE LA

MÉCANIQUE MOLÉCULAIRE

RELATIFS

A L'ÉLASTICITÉ ET A LA CHALEUR DES CORPS.

LIVRE PREMIER.

EXPRESSION DE L'ÉLASTICITÉ EN FONCTION DES FORCES MOLÉCULAIRES.

CHAPITRE PREMIER.

PROPRIÉTÉS NÉCESSAIRES DE LA FONCTION DE L'ÉLASTICITÉ.

---

1. Lorsqu'un corps est déformé, entre certaines limites, par une force quelconque, il reprend sa forme primitive aussitôt que l'action de cette force vient à cesser. C'est la propriété caractéristique du phénomène de l'élasticité.

On peut donner de cette propriété générale des corps la définition suivante: si l'on prend deux molécules dans la masse d'un corps, on peut les considérer comme étant sollicitées par deux forces dont une est la force d'attraction, qui tend à les rapprocher, et l'autre celle produite par la chaleur qui tend à les éloigner. L'élasticité, attractive ou répulsive, de ces deux molécules, serait par suite donnée par la différence, positive ou négative, de ces deux forces contraires.

Il reste maintenant à déterminer les conditions auxquelles doivent satisfaire deux forces, pour que le phénomène de l'élasticité puisse se produire.

Pour cela, soient:

$$A = F(r)$$

la force d'attraction, et

$$R = f(r)$$

celle de répulsion; l'élasticité sera exprimée par

$$E = A - R = F(r) - f(r),$$

et l'on aura satisfait à la propriété caractéristique de ce phénomène, si l'on a

$$F(r_0) - f(r_0) = 0,$$
$$F(r_0 + \iota) - f(r_0 + \iota) > 0,$$
$$F(r_0 - \iota) - f(r_0 - \iota) < 0.$$

Pour que ces conditions soient remplies, d'une manière générale, il suffit que $f(r)$ décroisse plus rapidement que $F(r)$.

En effet, soient deux courbes AA', RR' (*fig. 1*), dont la dernière a des ordonnées qui décroissent plus rapidement que celles de la première, et soit MP une ordonnée commune de ces deux courbes, correspondante à l'abscisse r_0.

Si on considère la différence A − R, on voit qu'elle est positive pour toutes les valeurs de r situées à droite de l'ordonnée commune MP, puisque par hypothèse R décroît plus rapidement que A; on aura donc généralement

$$M'P' - N'P' > 0$$

ou

$$F(r_0 + \iota) - f(r_0 + \iota) > 0.$$

Si on considère la même différence A—R, pour les valeurs de r situées à gauche de l'ordonnée commune MP, on reconnaît qu'elle est négative, puisque, dans ce sens, R croît plus rapidement que A; on aura donc

$$M''P'' - N''P'' < 0$$

ou

$$F(r_0 - \iota) - f(r_0 - \iota) < 0.$$

On a, du reste, au point r_0, correspondant à l'ordonnée MP,

$$F(r_0) - f(r_0) = 0.$$

Donc, deux fonctions $F(r)$, et $f(r)$ telles que la seconde décroisse plus rapidement que la première, pour des valeurs toujours croissantes de r, reproduisent le fait caractéristique de l'élasticité, et, partant, il ne reste plus qu'à déterminer la forme de chacune de ces fonctions.

CHAPITRE II.

FORMULE DE L'ÉLASTICITÉ D'UN SYSTÈME DE DEUX MOLÉCULES.

2. Des deux forces dont il s'agit de déterminer la nature, une est connue, en vertu de la grande découverte de Newton; c'est la force d'attraction, qui varie en raison directe des masses et en raison inverse du carré de la distance; on a donc déjà

$$A = F(r) = \frac{\alpha}{r^2}$$

α étant le produit de la force d'attraction mutuelle de deux unités de masse à l'unité de distance par les masses des deux molécules et r la distance variable.

Pour déterminer l'autre fonction, $f(r)$, qui représente la force répulsive, si on observe qu'on doit avoir

$$E = 0 \text{ pour } r = r_0,$$

on conclut, d'après un théorème connu sur les *fonctions synectiques* (*) que la fonction E, en la supposant telle, devra avoir la forme

$$E = (r - r_0)\,\psi(r) = A - R.$$

Comme on a

$$A = \frac{\alpha}{r^2}, \quad R = f(r),$$

il vient, en substituant,

$$(r - r_0)\,\psi(r) = \frac{\alpha}{r^2} - f(r)$$

ou

$$r\psi(r) - r_0\psi(r) - \frac{\alpha}{r^2} + f(r) = 0.$$

Si on remarque que le signe de E dépend uniquement de celui du binôme $(r - r_0)$, on en conclut que la fonction $\psi(r)$ doit être essentiellement positive, et, par suite, en employant un artifice d'analyse bien connu, on aura les deux groupes d'égalités suivants, qui permettront de déterminer $f(r)$;

$$1^{\text{er}} \text{ groupe} \quad \begin{cases} r\psi(r) - r_0\psi(r) = 0, \\ f(r) - \dfrac{\alpha}{r^2} = 0, \end{cases}$$

(*) Nom donné par l'illustre Cauchy à une classe très-importante de fonctions (*calcul des résidus*).

2e groupe $\left\{\begin{array}{l} r\psi(r)-\frac{\alpha}{r^2}=0, \\ f(r)-r_0\psi(r)=0. \end{array}\right.$

Le premier groupe donnant $f(r)=\frac{\alpha}{r^2}$, ce qui conduit à

$$(1) \qquad E=0,$$

doit être écarté, non pas comme absurde, mais comme se rapportant à un cas particulier, qui est celui de l'équilibre d'élasticité (appelant ainsi l'état d'un corps qui est en équilibre sous l'action des forces intérieures mutuelles, abstraction faite des forces extérieures).

Le second groupe donne $\psi(r)=\frac{\alpha}{r^3}$, $f(r)=r_0\frac{\alpha}{r^3}$; d'où résulte

$$(2) \qquad E=\alpha\frac{r-r_0}{r^3}=\frac{\alpha}{r^2}-r_0\frac{\alpha}{r^3},$$

et telle est l'expression cherchée de la force élastique moléculaire, en fonction de la distance r entre les molécules.

La quantité r_0 est la distance à laquelle deux molécules abandonnées à leur action mutuelle se tiendraient en équilibre; elle ne varie qu'avec la température du corps, et, par suite, elle détermine la quantité de chaleur; on peut donc la représenter par θ, qui sera la variable de la chaleur, ce qui met la formule (2) sous la forme

$$(3) \qquad E=\frac{\alpha}{r^2}-\theta\frac{\alpha}{r^3}.$$

Si on représente par m et m' les masses des deux molécules, et par A la force d'attraction, constante pour tous les corps, de deux unités de masse à l'unité de distance, on a $\alpha=mm'A$, et, alors, la formule précédente peut se mettre sous la forme plus complète

$$(4) \qquad E=\frac{mm'A}{r^2}-\theta\frac{mm'A}{r^3}.$$

Cette formule exprime l'élasticité de deux molécules m, m' en fonction de leur distance r et de leur quantité de chaleur θ.

Nous pouvons donc énoncer ce théorème fondamental:

Le phénomène de l'élasticité résulte de la différence de deux forces contraires dont une, l'attraction, varie en raison composée des masses et en raison inverse du carré de la distance, et l'autre, la répulsion, en raison composée des masses et de la quantité de chaleur et en raison inverse du cube de la distance.

3. On voit que les deux forces attractive et répulsive, qui composent la fonction de l'élasticité, sont telles que la dernière décroît plus rapidememt que la première, ce qui s'accorde avec les considérations émises dans le chapitre précédent, sur la possibilité de définir la force élastique au moyen de deux forces contraires, et cette coïncidence est déjà une preuve de l'exactitude de l'expression (2). Cette formule ne repose du reste sur aucune hypothèse; car on ne saurait qualifier ainsi

la loi de Newton qui nous a fourni la donnée $A = \frac{\alpha}{r^3}$, ni la condition évidente par elle-même, que la force élastique est nulle, quand le corps est en état d'équilibre d'élasticité, ce qui nous a fourni l'autre donnée $E = (r - r_0)\,\psi(r)$. En dehors de ces deux données, l'expression (2) ne repose plus que sur des transformations analytiques d'une rigueur extrême. Enfin, l'exactitude résulte encore d'une manière palpable, de la coexistence des deux expressions (1) et (2), lesquelles, quoique obtenues par des voies différentes, sont dans l'accord le plus parfait, la première n'étant qu'un cas particulier de la seconde.

Si on a $r > r_0$, ce qui suppose une traction, ou $r < r_0$ ce qui suppose une compression, il se développe entre les molécules une force attractive, dans le premier cas, ($\frac{\alpha}{r^3}$ étant plus grand que $r_0 \frac{\alpha}{r^3}$) et répulsive dans le second cas, ($\frac{\alpha}{r^3}$ étant moindre que $r_0 \frac{\alpha}{r^3}$). C'est la propriété caractéristique de la fonction de l'élasticité.

4. *Remarque*. En représentant par θ_0 et θ_1 les quantités de chaleur respectives des deux molécules $m\ m'$, leurs forces répulsives seront $\theta_0 \frac{\alpha}{r^3}$, $\theta_1 \frac{\alpha}{r^3}$ et comme ces deux forces concourent à produire le même effet, leur résultante aura pour valeur

$$\theta \frac{\alpha}{r^3} = \theta_0 \frac{\alpha}{r^3} + \theta_1 \frac{\alpha}{r^3};$$

d'où l'on tire

$$\theta = \theta_0 + \theta_1.$$

C'est-à-dire que la formule (4) peut se mettre sous la forme

$$E = \frac{mm'A}{r^3} - (\theta_0 + \theta_1)\,\frac{mm'A}{r^3}.$$

Si les molécules sont de même nature et de même température, il est évident que chacune d'elles entre pour une part égale dans la valeur de θ, de telle sorte que θ_0 étant la quantité de chaleur commune aux deux molécules, on a $\theta = 2\theta_0$. Dans le cas où les molécules sont de nature différente, la formule (4) ne fournit pas le moyen de découvrir la proportion suivant laquelle chacune d'elles contribue à la valeur totale de θ; mais nous verrons bientôt, dans la théorie de la Chaleur, comment on arrive à établir cette proportion dans tous les cas.

CHAPITRE III.

VÉRIFICATION DIRECTE DE LA LOI DE LA RÉPULSION.

5. Quoique la déduction rigoureuse, qui précède, de la formule de l'élasticité, ne laisse plus subsister aucun doute sur l'exactitude des lois trouvées pour les forces qui la composent, nous allons néanmoins démontrer, d'une manière péremptoire, que la force répulsive varie en raison inverse du cube de la distance, ainsi que cela résulte de la formule (2).

Soit R l'intensité, à l'unité de distance, de la force répulsive d'une molécule dont la masse est m_0, et r la distance variable à laquelle elle s'exerce sur une autre molécule m_1. Si cette force varie en raison inverse du cube de la distance, comme alors l'accélération est négative, on aura, d'après les principes de Dynamique,

$$\frac{d^2 r}{d t^2} = -\frac{R}{r^3};$$

d'où, en multipliant les deux membres par $2dr$,

$$2dr\frac{d^2 r}{dt^2} = -2\,R\frac{dr}{r^3}$$

En remarquant que le premier membre de cette égalité est la différentielle de $\left(\frac{dr}{dt}\right)^2$, qui exprime le carré de la vitesse du mobile soumis à l'influence de la force $-\frac{R}{r^3}$, on a, en intégrant les deux membres,

$$V^2 = \left(\frac{dr}{dt}\right)^2 = \frac{R}{r^2}.$$

Or, le calorique se constate, au moyen du thermomètre, par l'effet dynamique qu'il produit sur les corps, en éloignant leurs molécules, et cet effet n'est autre que le travail de la force répulsive.

Comme le travail d'une force est exprimé par la moitié de la force vive, on a, pour le travail produit sur la molécule m_1,

$$(5) \qquad T_1 = \frac{1}{2}m_1 V^2 = \frac{1}{2}m_1\frac{R}{r^2}$$

ou, en remplaçant R par sa valeur $\alpha\theta$ tirée de (3),

$$T_1 = \frac{1}{2}m_1\frac{\alpha\theta}{r^2} = \frac{A}{2}m_1\cdot m_0\frac{\theta}{r^2},$$

ce qui revient à dire que l'action du calorique varie en raison directe de la quantité de chaleur de la source et en raison inverse du carré de la distance: résultat qui est d'accord avec l'expérience.

Ayant appelé *quantité de chaleur* la valeur de la variable θ, nous conserverons le nom de *température* au travail de la force répulsive. Il en résulte le théorème suivant:

La température d'une molécule, exposée à l'action d'une source de chaleur, est en raison composée de la moitié du carré de sa masse, de la masse et de la chaleur de la molécule de la source et en raison inverse du carré de la distance.

6. Ainsi, la force répulsive de la chaleur, dont on ne connaissait que les effets, a maintenant sa loi aussi bien établie que celle de l'attraction. Indépendamment de la découverte de cette nouvelle loi de la nature, la formule (2) a encore le mérite de nous fixer sur l'identité de l'attraction moléculaire et de l'attraction universelle, ce qui avait été, jusqu'à présent, un doute pour beaucoup de Physiciens et de Géomètres, qui considéraient l'attraction moléculaire comme une force particulière, n'exerçant son action qu'à des distances infiniment petites.

LIVRE DEUXIÈME

DISCUSSION DE LA FORMULE DE L'ÉLASTICITÉ
DE DEUX MOLÉCULES.

CHAPITRE PREMIER.

DÉFINITION DES DIVERS ÉTATS PHYSIQUES DES CORPS.

1°. *Définition de l'état solide — Ténacité.*

7. L'élasticité donnée par la formule du N° 2,

$$E = \frac{\alpha}{r^2} - r_0 \frac{\alpha}{r^3},$$

devient nulle, si l'on a $r = r_0$, et, alors, l'attraction et la répulsion sont égales et se font équilibre; c'est le cas des corps solides. Au premier abord, on a quelque peine à admettre que l'équilibre d'élasticité puisse produire cet état des corps, caractérisé par une adhérence telle entre les molécules, qu'on ne peut les séparer que par un effort plus ou moins considérable, et l'on est porté à croire que cette adhérence est due à une force attractive puissante qui tient les molécules en contact; mais, alors, comment expliquer la compressibilité des corps solides et leur contraction par le refroidissement? On est donc forcé d'admettre que l'état solide est dû à une autre cause, et nous allons voir que la condition de $r = r_0$, dans la formule de l'élasticité, nous conduit très-simplement à l'explication du phénomène de la ténacité.

Pour cela, considérons l'élasticité, donnée par la formule (2), pour deux valeurs r_0 et r'_0 de la distance initiale des molécules et pour un même déplacement $\pm d$. En appelant E et E' les valeurs de l'élasticité, dans ces deux cas, on a

$$(6) \qquad E = \frac{\alpha}{(r_0 \pm d)^2} - r_0 \frac{\alpha}{(r_0 \pm d)^3},$$

$$E' = \frac{\alpha}{(r'_0 \pm d)^2} - r'_0 \frac{\alpha}{(r'_0 \pm d)^3};$$

d'où l'on déduit le rapport

$$\frac{E'}{E} = \left(\frac{r_0 \pm d}{r'_0 \pm d}\right)^3;$$

Si on suppose $r_0 > r'_0$, on aura

$$r_0 \pm d > r'_0 \pm d ,$$

et, par suite,

$$E' > E .$$

Il en résulte que si, par l'effet d'une variation de la température, la distance initiale r_0 diminue et devient r'_0, la force nécessaire pour produire un déplacement quelconque $\pm d$ augmente en raison inverse du cube de cette distance augmentée de ce déplacement.

8. Si on pose $d=o$, on a

$$\frac{E'}{E} = \left(\frac{r_0}{r_0'}\right)^3 , \tag{7}$$

ce qui nous apprend que les ténacités de deux points matériels en équilibre à des distances différentes, sont en raison inverse des cubes de ces distances ou, autrement dit, des cubes des quantités de chaleur respectives.

Or, l'hypothèse de $d=o$, réduit les formules (6) à la forme

$$E=o \quad , \quad E'=o \quad ,$$

expressions qui caractérisent l'état solide.

On s'explique clairement, d'après cela, pourquoi la dureté des corps solides croît si rapidement, quand on fait diminuer la température.

2° *Définition de l'état liquide.*

9. Si on suppose qu'à la force d'attraction des molécules, vienne s'ajouter une force extérieure, telle que la pression atmosphérique, par exemple, en représentant cette force par φ, la formule (2) prendra la forme

$$E = \left(\varphi + \frac{\alpha}{r^2}\right) - r_0 \frac{\alpha}{r^3}$$

et l'équilibre d'élasticité aura encore lieu, dans ce cas, lorsque E a pour valeur zéro, c'est-à-dire, si l'on a

$$\left(\varphi + \frac{\alpha}{r^2}\right) - r_0 \frac{\alpha}{r^3} = o .$$

Cette formule contient la définition de l'état liquide, sous la pression atmosphérique; et nous allons pouvoir en déduire l'explication de quelques phénomènes remarquables que cet état des corps présente dans la nature.

Ces phénomènes sont les suivants:

1° Si on comprime une masse liquide, il se produit une résistance très-forte qui s'oppose à la compression.

2° On peut détacher une ou plusieurs molécules d'une masse liquide, sans éprouver aucune résistance.

3° En faisant diminuer la température d'une masse liquide, il arrive un moment où les molécules présentent entre elles une adhérence considérable. Ce qui est la propriété caractéristique de l'état solide.

10. Soient (fig. 2), les deux courbes AA', RR', dont les ordonnées représentent respectivement la force d'attraction et celle de répulsion, et les abscisses, la distance entre les molécules. Une ordonnée commune MP de ces deux courbes, correspondante à l'abscisse OP$=r_0$, exprimera l'équilibre d'élasticité, sous l'influence de ces deux forces contraires, c'est-à-dire le cas que nous avons examiné dans le chapitre précédent.

Mais, supposons maintenant qu'une force extérieure, telle que la pression atmosphérique, vienne agir sur les molécules, dans le même sens que la force d'attraction; si on l'ajoute à cette dernière, on aura une courbe BB', qui représentera leur somme, et le point N où elle coupe la courbe RR' fournira l'ordonnée commune NQ, qui correspond à l'équilibre d'élasticité sous la pression atmosphérique, ou, d'après ce qui a été dit ci-dessus, à l'état liquide.

Donc, si on représente par φ la pression atmosphérique et par ε_0 la distance des ordonnées MP, NQ, on aura au point N

$$(8) \qquad E=\left[\varphi+\frac{\alpha}{(r_0-\varepsilon_0)^2}\right]-r_0\frac{\alpha}{(r_0-\varepsilon_0)^3}=0$$

expression dans laquelle ε_0 exprime la quantité dont se sont rapprochées, sous l'influence de la force φ, les molécules qui étaient d'abord en équilibre à la distance r_0.

La pression φ pouvant être considérée sensiblement comme constante dans l'étendue d'un espace moléculaire, il en résulte que si l'on rapproche les molécules, c'est-à-dire si l'on met $r_0-\varepsilon_0-\varepsilon$ à la place de $r_0-\varepsilon_0$ dans la formule précédente, il se produira une force répulsive, parce que l'on a

$$\frac{\alpha}{(r_0-\varepsilon_0-\varepsilon)^2}-\frac{r_0\alpha}{(r_0-\varepsilon_0-\varepsilon)^3}<\frac{\alpha}{(r_0-\varepsilon_0)^2}-\frac{r_0\alpha}{(r_0-\varepsilon_0)^3}.$$

et, en vertu de cela,

$$\left[\varphi+\frac{\alpha}{(r_0-\varepsilon_0-\varepsilon)^2}\right]-\frac{r_0\alpha}{(r_0-\varepsilon_0-\varepsilon)^3}<0 \text{ ou } E<0$$

C'est d'ailleurs ce qui résulte très-clairement de la figure, car, en considérant l'ordonnée ST correspondante à la distance $r_0-\varepsilon_0-\varepsilon$, on voit que la quantité SV, comprise entre les courbes BB' et RR', représente une force répulsive.

Il paraît donc ainsi suffisamment démontré que, si l'on comprime un liquide, il y a production de force répulsive.

11. Maintenant, supposons qu'on applique à une molécule la force $-\varphi$ égale et en sens contraire de la pression atmosphérique, qui tendra par conséquent à détacher cette molécule du système, et soit ε le déplacement qui en résulte, la première des égalités (8) deviendra

$$E=\left[\varphi+\frac{\alpha}{(r_0-\varepsilon_0+\varepsilon)^2}\right]-\frac{r_0\alpha}{(r_0-\varepsilon_0+\varepsilon)^3}-\varphi\ ;$$

d'où

$$E=\frac{\alpha}{(r_0-\varepsilon_0+\varepsilon)^2}-\frac{r_0\alpha}{(r_0-\varepsilon_0+\varepsilon)^3}\ ,$$

et l'on voit, d'après cela, que la force E sera répulsive tant que l'on a $\varepsilon < \varepsilon_0$, parce qu'alors $\frac{r_0 \alpha}{(r_0 - \varepsilon_0 + \varepsilon)^3}$ est toujours plus grand que $\frac{\alpha'}{(r_0 - \varepsilon_0 + \varepsilon)^2}$, et qu'elle ne commencera à être attractive que pour les valeurs de $\varepsilon > \varepsilon_0$. D'où l'on conclut que si ε_0 est considérable, comme cela a lieu pour les liquides, on pourra éloigner les molécules, sans éprouver aucune résistance, jusqu'à ce que l'on ait $\varepsilon = \varepsilon_0$, et ce n'est qu'au-delà de cette distance qu'il se produira une force attractive, mais, toutefois, tellement faible qu'elle reste insensible.

12. Il nous reste maintenant à expliquer le phénomène de la ténacité que le corps acquiert, en passant de l'état liquide à l'état solide.

Pour cela, remarquons qu'en résolvant l'équation (8) par rapport à ε_0, on a

$$(9)\ \varepsilon_0 = r_0 - \left(\frac{r_0 \alpha}{2\varphi} + \sqrt{\frac{r_0^2 \alpha^2}{4\varphi^2} + \frac{\alpha^3}{27\varphi^3}}\right)^{1/3} - \left(\frac{r_0 \alpha}{2\varphi} - \sqrt{\frac{r_0^2 \alpha^2}{4\varphi^2} + \frac{\alpha^3}{27\varphi^3}}\right)^{1/3};$$

d'où l'on conclut que ε_0 diminue avec r_0, c'est-à-dire avec la quantité de chaleur, et que, par suite, pour des valeurs de r_0 très-petites, ainsi que cela a lieu pour les corps solides, la valeur de ε_0 étant presque nulle, la position d'équilibre des molécules, sous la pression atmosphérique, coïncide sensiblement avec celle de l'équilibre d'élasticité, sous l'influence des seules forces mutuelles. Or, nous venons de voir que pour un déplacement plus grand que ε_0 il y a production de force attractive. Donc, si ε_0 est très-petit, la résistance du corps à l'effort de traction se manifestera presque aussi instantanément que si les molécules étaient simplement en équilibre sous l'action des forces mutuelles, et l'explication du phénomène de la ténacité s'en suivrait comme dans le chapitre précédent.

13. Si on remarque que ε_0 ne s'annule qu'avec r_0 dans la formule (9), on conclut que cette quantité peut avoir des valeurs très-petites, mais que néanmoins elle sera toujours plus grande que zéro, et, par suite, que la résistance des corps solides à l'effort de traction ne se manifeste qu'après un allongement très-petit qui est dû à la compression atmosphérique.

3° *Définition de l'état gazeux. — Fluides élastiques.*

14. Si, dans un corps supposé en équilibre d'élasticité la température augmente, r_0 qui est fonction uniquement de cette température, augmente également et le corps se dilate, si aucune force extérieure ne fait obstacle; mais si une force quelconque s'oppose à sa dilatation, la distance r des molécules est moindre que celle r_0 qui correspond à l'équilibre d'élasticité, et qu'elles prendraient si elles étaient libres. Il en résulte que l'élasticité donnée par la formule du N° 2:

$$E = \frac{\alpha}{r^2} - r_0 \frac{\alpha}{r^3}$$

devient répulsive, parce que, à cause de $r < r_0$ on a $r_0 \frac{\alpha}{r^3} > \frac{\alpha}{r^2}$. Alors, le corps constitue ce qu'on appelle un fluide élastique.

Le résultat serait le même si, au lieu de faire augmenter r_0, on faisait diminuer r comme, par exemple, au moyen d'une compression; car on aurait encore dans ce cas $r_0 \frac{\alpha}{r^3} > \frac{\alpha}{r^2}$.

Ainsi, la formule de l'élasticité renferme le principe de l'expansion des gaz dans les deux cas démontrés par l'expérience; et la discussion en est tellement simple, qu'il serait superflu de nous y arrêter davantage.

CHAPITRE II.

LIMITE DE L'ÉLASTICITÉ OU EFFORT DE RUPTURE.

15. L'expérience a démontré que l'élasticité a une limite. Quand l'effort extérieur a trop changé la position relative des molécules, celles-ci ne reprennent plus leurs anciennes positions et le corps reste déformé ou se brise. C'est cette limite supérieure de l'élasticité, qu'on appelle effort de rupture. Or, pour que ce phénomène puisse se produire, il faut que la formule (2), qui exprime l'élasticité de deux molécules, ait un maximum, et c'est ce qui a lieu en effet, ainsi que nous allons le voir.

L'équation

$$E = \frac{\alpha}{r^2} - r_0 \frac{\alpha}{r^3}$$

étant posée, on trouve pour la valeur de r qui rend E maximum

$$r = \frac{3}{2} r_0 .$$

C'est cette valeur de r qui donne la limite de l'élasticité, ou la charge de rupture; elle indique qu'il y aura rupture, si la distance des molécules surpasse de moitié celle qu'elles ont à l'état libre.

La charge de rupture aura pour valeur

$$P = \max. E = \frac{4}{27} \frac{\alpha}{r_0^2} = \frac{4}{27} \frac{\alpha}{6^2}$$

et l'on voit que cette charge diminue quand la chaleur augmente, résultat confirmé par l'expérience.

16. Nous ferons remarquer que les phénomènes naturels dont la discussion qui précède a donné l'explication, sont relatifs à l'élasticité simple d'un système de deux molécules. Ce cas ne se produisant jamais en pratique, il n'y a lieu de considérer ces résultats que comme purement théoriques. Pour établir une comparaison numérique entre les résultats des formules et ceux de l'expérience, il convient préalablement, d'appliquer ces formules à un système de plusieurs molécules; c'est ce qui fera l'objet des chapitres suivants.

LIVRE TROISIÈME.

ÉLASTICITÉ DES SYSTÈMES DE PLUSIEURS MOLÉCULES.

17. *Nota.* — Dans la suite de ce travail, nous supposerons les forces positives dans le sens de la répulsion, et négatives dans le sens de l'attraction. Ainsi, par exemple, nous emploierons les formules (2), (3) et (4) mises sous la forme

$$(10) \qquad E \left\{ \begin{aligned} &= -\alpha \frac{r - r_0}{r^3} = r_0 \frac{\alpha}{r^3} - \frac{\alpha}{r^2}, \\ &= \theta \frac{\alpha}{r^3} - \frac{\alpha}{r^2}, \\ &= \theta \frac{m m' A}{r^3} - \frac{m m' A}{r^2}. \end{aligned} \right.$$

Définition. — Nous appellerons *homogène* un corps composé de molécules de même nature, simples ou composées, qui a la même densité en chaque point de sa masse.

Définition. — Nous dirons qu'un corps est *en état d'élasticité constante,* lorsqu'il possède la même élasticité en chacun de ses points.

CHAPITRE PREMIER.

COMPOSANTES DE L'ACTION MUTUELLE INTÉRIEURE DES MOLÉCULES D'UN CORPS DONNÉ.

18. D'après le théorème du n° 2, les actions mutuelles entre les molécules d'un corps donné, sont de deux espèces: la force d'attraction et celle de répulsion. L'expérience a démontré que la source de la première de ces forces est inépuisable, tandis que le contraire a lieu pour la seconde. On sait en effet que l'attraction mutuelle de deux corps est invariable quelle que soit la masse placée intermédiairement, tandis que l'action du calorique est diminuée et même anéantie par l'effet d'un corps interposé.

Il résulte de là que, dans un corps donné, l'action mutuelle attractive du corps entier, sur un point intérieur, comprend la somme des actions de toutes les molécules sur ce point: et l'on sait que l'on a pour les composantes de cette action, rapportée à l'unité de masse (*)

$$(11) \qquad \begin{aligned} X &= -A\frac{d\Omega}{dx}, \\ Y &= -A\frac{d\Omega}{dy}, \\ Z &= -A\frac{d\Omega}{dz}; \end{aligned}$$

expressions dans lesquelles on a

$$\Omega = -\iiint \sqrt{\frac{\rho\, d\alpha\, d\beta\, d\gamma}{(x-\alpha)^2 + (y-\beta)^2 + (z-\gamma)^2}};$$

$\alpha, \beta\, \gamma$ étant les coordonnées générales du corps donné, x, y, z, celles du point attiré et ρ la densité.

10. Quant à la répulsion, elle se réduit, d'après ce qui vient d'être dit, à l'action directe des molécules contiguës, c'est-à-dire qu'elle n'admet pas l'action complexe de toutes les molécules du corps.

Il est facile de voir qu'il doit en être ainsi; car, soit donné un nombre n de molécules ayant primitivement la même quantité de chaleur θ_0 ; si on réunit ces molécules en une masse unique, la somme totale de leurs quantités de chaleur restera invariablement la même, quelles que soient les variations subies par la chaleur de chacune d'elles, après leur groupement, c'est-à-dire qu'on aura

$$(12) \qquad \sum \theta = n\,\theta_0 .$$

Or, si une molécule quelconque subissait l'action calorifique de toutes les autres, en représentant par δ la variation de sa chaleur, on aurait

$$\theta = \theta_0 + \delta \; ;$$

pour les autres molécules, on aurait de la même manière

$$\begin{aligned} \theta_1 &= \theta_0 + \delta_1 \\ \theta_2 &= \theta_0 + \delta_2 \\ \theta_3 &= \theta_0 + \delta_3 \\ \cdots & \quad \cdots\cdots\cdots \end{aligned}$$

Mais, à cause de la propriété qu'a le calorique de s'équilibrer par communication, on doit avoir

$$\theta = \theta_1 = \theta_2 = \theta_3 = \ldots..$$

(*) Voir, dans la Mécanique de Duhamel, le chapitre relatif à l'attraction mutuelle des corps.

ou, ce qui revient au même,

$$\theta_0 + \delta = \theta_0 + \delta_1 = \theta_0 + \delta_2 = \theta_0 + \delta_3 = \ldots ;$$

d'où l'on déduit

$$(13) \qquad \delta = \delta_1 = \delta_2 = \delta_3 = \ldots$$

En outre, la condition (12) donne

$$\sum \theta = \theta + \theta_1 + \theta_2 + \theta_3 + \ldots = n\theta_0 + \delta + \delta_1 + \delta_2 + \delta_3 + \ldots = n\theta_0 ;$$

d'où l'on tire

$$\delta + \delta_1 + \delta_2 + \delta_3 + \ldots = 0 ,$$

expression qui, jointe à celle (13) donne définitivement

$$\delta = 0 , \delta_1 = 0 , \delta_2 = 0 , \delta_3 = 0 ,$$

ce qui signifie que la résultante de l'action calorifique provenant du corps entier est nulle.

Les composantes des forces qui sollicitent tous les points de la masse se réduisent donc aux forces attractives et aux forces extérieures, s'il y en a.

CHAPITRE II.

ÉQUATION GÉNÉRALE DE L'ÉQUILIBRE INTÉRIEUR DES CORPS.

20. Tant qu'il ne se produit aucun changement dans la forme d'un corps, les points matériels qui le composent conservent des positions fixes; mais, s'il y a déformation, ces points prennent successivement toutes les positions qui leur sont assignées par les forces qui les sollicitent. C'est ce qui a lieu en général dans le phénomène de l'élasticité.

On peut donc se proposer de chercher la condition de l'équilibre intérieur du corps, lorsqu'on connaît les forces qui sollicitent chacun de ses points. La force élastique en un point quelconque sera par suite donnée par la pression en ce point.

Soient X, Y, Z, les composantes de la force, rapportée à l'unité de masse, qui agit au point dont les coordonnées sont x, y, z; désignons par p la pression en ce point, rapportée à l'unité de surface, et par ρ la densité; p et ρ sont des fonctions de x, y, z, que l'on se propose de déterminer, quand l'équilibre est établi.

Si au point dont les coordonnées sont x, y, z, on conçoit un parallélipipède élémentaire, dont les arêtes soient parallèles aux axes et respectivement égales aux différentielles dx, dy, dz, on trouve facilement que les conditions nécessaires et suffisantes pour son équilibre, sont données par les trois équations

$$\frac{dp}{dx} = \rho X \quad , \frac{dp}{dy} = \rho Y \quad , \frac{dp}{dz} = \rho Z \ .$$

Multipliant ces équations respectivement par dx, dy, dz et les ajoutant, il vient l'équation connue

$$(14) \qquad dp = \rho\,(X\,dx + Y\,dy + Z\,dz).$$

Telle est l'équation de l'équilibre, qui permettra de déterminer la pression p en un point quelconque de la masse. Quant à la densité ρ, si sa valeur n'est pas donnée, on la déterminera par la recherche du facteur propre à rendre intégrable le second membre de l'équation.

21. La pression p donnée par la formule (14) est indépendante de l'orientation de l'élément plan sur lequel elle s'exerce ; il y a donc lieu de supposer qu'elle est la même pour toutes les positions que peut prendre cet élément, lorsqu'on le fait pivoter sur un point donné et c'est ce qui a lieu, en effet, ainsi que nous allons le démontrer.

Remarquons d'abord, qu'en établissant l'équation générale (14) de l'équilibre intérieur du corps, nous avons désigné par la pression p une fonction de x, y, z appliquée normalement sur toutes les faces du parallélipipède élémentaire. Si, donc, pour un moment, on suppose toutes ces faces transportées parallèlement à elles-mêmes, au centre du parallélipipède, rien ne sera changé, si ce n'est que les points d'application de la pression p se trouvant dès lors en un point commun, cette pression sera la même pour les trois éléments plans parallèles aux xy, xz, yz, puisqu'elle sera fonction des coordonnées d'un même point. Ce qui revient à dire que les trois forces appliquées suivant les axes, au même point, sont égales.

Or, nous savons, par M. Lamé, que trois forces élastiques rectangulaires en un même point du milieu, appelées plus proprement *forces élastiques principales*, représentent en grandeur et en direction les axes d'un ellipsoïde d'élasticité. Sans reproduire ici la démonstration de ce beau théorème de l'éminent géomètre, nous ferons seulement observer qu'il s'applique au cas actuel, et que, à cause de l'égalité des trois forces élastiques principales, l'ellipsoïde se réduit à une sphère ; d'où l'on conclut, bien simplement, que la pression est la même dans tous les sens, autour d'un même point. Ce principe, qui est d'ailleurs confirmé par l'expérience, se trouve démontré de différentes manières dans les traités de Mécanique rationnelle.

22. L'équilibre intérieur d'un corps présente deux cas bien distincts, suivant les conditions dans lesquelles il se trouve par rapport à l'espace indéfini.

1°. Le corps peut être enfermé dans un espace limité, qui s'oppose à sa dilatation, de façon qu'il lui est nécessaire de prendre un accroissement de force élastique pour vaincre la résistance de l'enveloppe. Nous donnerons le nom de *corps en état d'élasticité*, à ceux qui se trouvent dans ces conditions. A cette catégorie appartiennent les gaz en vases clos et en général tous les corps soumis à une action mécanique extérieure.

2° Le corps est libre dans l'espace et peut se dilater sans développer un accroissement de force élastique. Nous donnerons le nom de *corps à l'état libre*, à ceux qui se trouvent dans ces conditions. A cette catégorie appartiennent les gaz qui composent l'atmosphère et presque tous les corps solides et liquides de la Nature.

CHAPITRE III.

ÉQUILIBRE INTÉRIEUR DES CORPS EN ÉTAT D'ÉLASTICITÉ

23. Dans le cas d'un fluide en état d'élasticité, comme sa forme est toujours déterminée par celle de l'enveloppe, on connaît à chaque instant les forces intérieures mutuelles et celles extérieures, s'il y en a, qui sollicitent tous les points de la masse, et par suite, en représentant les composantes de ces dernières par X', Y', Z', et en ayant égard aux formules (11), les composantes totales, rapportées à l'unité de masse, seront

$$X = -A\frac{d\Omega}{dx} + X',$$

$$Y = -A\frac{d\Omega}{dy} + Y',$$

$$Z = -A\frac{d\Omega}{dz} + Z';$$

et, par suite, l'équation de l'équilibre (14) deviendra

$$(15)\quad dp = -\rho\left[\left(A\frac{d\Omega}{dx} - X'\right)dx + \left(A\frac{d\Omega}{dy} - Y'\right)dy + \left(A\frac{d\Omega}{dz} - Z'\right)dz\right]$$

La densité ρ étant déterminée par la recherche du facteur propre à rendre intégrable cette équation différentielle.

24. Dans le cas où les forces extérieures sont nulles, l'équation précédente devient simplement.

$$(16)\qquad dp = -\rho A\left(\frac{d\Omega}{dx}dx + \frac{d\Omega}{dy}dy + \frac{d\Omega}{dz}dz\right):$$

dont l'intégrale est

$$p = -\rho A\Omega + c.$$

Pour déterminer la constante C, soit Ω_0 la valeur de Ω qui correspond à $p=0$, on aura

$$(17)\qquad c = \rho A\Omega_0,$$

et la formule précédente deviendra

$$(18)\qquad p = -\rho A(\Omega - \Omega_0).$$

Comme conséquence très-importante de cette formule, on remarque que la densité ρ est nécessairemen[t constan]te ; d'où résulte l'homogénéité de la matière, que l'expérience [...] e ; mais qui semblait incompatible avec l'hypothèse de forces moléculaires mutuelles, parce que, objectait-on cette hypothèse conduirait à admettre une densité plus forte pour les points situés à l'intérieur que pour ceux de la surface. La théorie que nous venons d'exposer nous dégage enfin de ce doute, en nous prouvant d'une manière péremptoire que les corps qui ne sont soumis qu'à des forces intérieures mutuelles sont nécessairement homogènes.

D'après ce qui a été dit au chapitre premier, les composantes totales X, Y, Z, ne comprennent que l'attraction mutuelle intérieure et les forces extérieures, et il reste par conséquent à tenir compte de la répulsion.

Pour évaluer l'effet de cette dernière force, imaginons pour un instant le corps soumis à l'influence de cette seule force ; comme nous supposons la quantité de chaleur uniforme, toutes les molécules sont animées de la même force répulsive et l'action de cette force n'étant que directe entre les molécules contiguës, la condition de l'équilibre veut que la pression soit constante en tous les points de la masse et la densité uniforme. Or, si dans cet état, on suppose qu'on applique à chaque point les forces mutuelles attractives et les forces extérieures, l'uniformité de pression pourra être troublée, mais uniquement en vertu de ces dernières forces. Il en résulte, que la force de la répulsion doit être considérée comme correspondant à un état initial et que, par suite, elle est la constante C de l'équation (17) ou la quantité $\rho A \Omega_0$ de l'équation (18). Ce résultat est d'ailleurs de toute évidence, puisque l'hypothèse $p=o$ correspond à l'état d'équilibre d'élasticité, dans lequel l'attraction et la répulsion sont égales ; et, comme l'attraction a alors pour valeur $A \rho \Omega_0$, cette quantité exprime également la force répulsive.

Donc, en représentant par $A \rho \Omega_0$ cette pression constante rapportée à l'unité de surface et en ayant égard à la formule (10) on aura

$$A \rho \Omega_0 = \frac{A m^2 \theta}{s r^2} ;$$

s étant la projection de la surface de la molécule sur un plan normal à la direction de la force.

25. Quelle que soit la disposition des molécules dans la masse d'un corps, on peut toujours imaginer des espaces élémentaires vides et de forme polyédrique dont chaque sommet soit occupé par une molécule. La forme de ces espaces polyédriques constitue ce que nous appelerons le *Système moléculaire.*

Or, d'après les N°s 21 et 24, la force élastique étant égale autour d'un même point et la densité uniforme, les molécules sont équidistantes et symétriquement placées autour de ce point, et, par suite les systèmes moléculaires constituent des polyèdres réguliers symétriques.

Si, en outre, on remarque que, à cause de leur propriété expansive, les fluides élastiques tendent constamment à augmenter de volume, on arrive à cette conséquence que leur système moléculaire doit être celui qui, à distance égale entre les molécules et à quantité égale de matière, occupe le plus d'espace.

Enfin, en supposant que les deux polyèdres réguliers symétriques, seuls possibles dans la Nature, qui sont l'hexaèdre et l'octaèdre aient leur côté égal à r et qu'à chacun de leurs sommets se trouve située une molécule, dont nous représenterons la masse par m, on démontre facilement que le cube est, parmi ces polyèdres, celui pour lequel le rapport du volume à la quantité de masse correspondante est maximum.

En effet, les volumes de ces deux polyèdres sont donnés par les formules suivantes : pour le cube

$$V = r^3 ,$$

et pour l'octaèdre

$$V = r^3 \frac{\sqrt{2}}{3} .$$

Or, pour le cube, le nombres des angles trièdres qu'on peut former autour d'un même sommet est égal à 8. Il en résulte que chaque molécule est répartie entre huit polyèdres, et que, par suite, elle ne vaut que $\frac{m}{8}$ pour chacun d'eux. Comme il y a 8 sommets dans le polyèdre, la masse correspondante au cube de côté r sera

$$8 . \frac{m}{8} = m ,$$

et par suite, le rapport du volume à la masse

$$\frac{r^3}{m} .$$

Pour l'octaèdre, comme le nombre des angles trièdres qu'on peut former autour d'un même sommet est égal à 6, chaque molécule est répartie entre six polyèdres, et par suite, elle ne vaut que $\frac{m}{6}$ pour chacun d'eux. Comme il y a six sommets dans le polyèdre, la masse correspondante au volume de l'octaèdre de côté r est

$$6 . \frac{m}{6} = m ,$$

et, par suite, le rapport du volume à la masse

$$\frac{r^3}{m} \frac{\sqrt{2}}{3} ,$$

et l'on voit que le plus grand de ces rapports est celui de $\frac{r^3}{m}$, qui correspond au cube.

On en conclut ce théorème important :

Dans toute masse fluide homogène, dont les molécules sont douées d'une force expansive, la force du système moléculaire est hexaédrique.

26. Les systèmes moléculaires étant, d'après ce qui précède, des cubes dont le côté est égal à la distance r des molécules, il en résulte que les volumes sont en raison directe des cubes des distances des molécules, c'est-à-dire que l'on peut poser

$$\frac{r^3}{R^3} = \frac{v}{V} ,$$

et, comme les densités sont en raison inverse des volumes, on aura

$$\frac{v}{V} = \frac{D}{\rho};$$

d'où

$$\frac{r^3}{R^3} = \frac{D}{\rho}.$$

Si on représente par D la densité pour une distance moléculaire égale à l'unité, on aura $R^3 = 1$, et, par suite

$$r^3 = \frac{D}{\rho}.$$

Or dans ce cas, la densité D n'est autre chose que la masse d'une molécule, parce que, la distance moléculaire étant d'une unité, la masse d'une molécule se distribue dans un cube égal à l'unité de volume ; en la remplaçant par m on a

(19) $$r^3 = \frac{m}{\rho},$$

et la valeur de $A \rho \Omega_0$ devient

$$A \rho \Omega_0 = \frac{A m \rho \theta}{s},$$

ou, en réduisant,

$$\Omega_0 = \frac{m}{s} \theta.$$

27. Dans le cas où l'on néglige les forces extérieures, l'équation de l'équilibre devient donc

(20) $$p = A \rho \left(\frac{m}{s} \theta - \Omega \right).$$

Telle est la formule importante qui donne l'élasticité d'un corps soumis uniquement à des forces intérieures mutuelles entre ses molécules. On voit que, relativement à l'attraction qui est représentée par Ω, elle dépend de la masse et de la forme du corps.

28. Si on néglige la force d'attraction, ce qui peut être fait sans erreur sensible, pour les fluides élastiques, la formule (20) devient

(21) $$p = A \rho \frac{m}{s} \theta,$$

c'est-à-dire que la pression est uniforme, indépendante de la masse du gaz, et en raison directe de la densité et de la quantité de chaleur ; résultat qui coïncide avec la loi de Mariotte sur la force élastique des gaz.

29. Examinons maintenant ce que devient la densité, si des forces extérieures agissent sur les molécules.

Dans le cas où la pesanteur est la seule force extérieure, on a $X'=0$, $Y'=0$, $Z'=-g$ et l'équation (15) devient

$$dp=-\rho\left[A\left(\frac{d\Omega}{dx}dx+\frac{d\Omega}{dy}dy+\frac{d\Omega}{dz}dz\right)+g\,dz\right];$$

d'où, en intégrant

$$p=-\rho(A\Omega+gz)+c,$$

et l'on voit que, même dans ce cas, la densité ρ est constante.

En général, toutes les fois que les forces extérieures représentées par X', Y', Z', seront constantes ou telle que

$$X'=f'(x), \quad Y'=F'(y), \quad Z'=\Phi'(z),$$

c'ést-à-dire fonctions d'une seule coordonnée, la densité ρ sera uniforme, parce que l'intégrale de l'équation (15) aura alors la forme

$$p=-\rho[A\Omega-f(x)-F(y)-\Phi(z)]+c.$$

A la rigueur, tous les corps de la Nature sont sujets à l'influence de causes perturbatrices variables d'un point à l'autre, qui sont dues à l'action du monde extérieur. Pour les corps situés à la surface du Globe, la principale de ces actions est celle de la pesanteur ; mais l'action de cette force étant peu considérable à côté des forces intérieures mutuelles, les perturbations qui en résultent sont presque insensibles.

30. En terminant ce chapitre, nous croyons devoir donner la preuve analytique de la constance de la densité ρ dans l'équation (16), afin d'éviter une erreur qu'on rencontre dans quelques traités de Mécanique rationnelle, où l'on admet que, dans les équations de cette nature, ρ peut être fonction des variables indépendantes x, y, z.

Pour cela, rappelons-nous que les conditions indispensables pour l'intégration de l'expression différentielle

$$M\,dx+N\,dy+U\,dz,$$

sont

$$\frac{dM}{dy}=\frac{dN}{dx}, \quad \frac{dM}{dz}=\frac{dU}{dx}, \quad \frac{dN}{dz}=\frac{dU}{dy}. \tag{22}$$

Si la même expression était multipliée par un facteur ρ, c'est-à-dire si l'on avait à intégrer l'expression

$$\rho(M\,dx+N\,dy+U\,dz),$$

ces trois équations de condition deviendraient évidemment

$$\begin{aligned} M\frac{d\rho}{dy}+\rho\frac{dM}{dy}&=N\frac{d\rho}{dx}+\rho\frac{dN}{dx}, \\ M\frac{d\rho}{dz}+\rho\frac{dM}{dz}&=U\frac{d\rho}{dx}+\rho\frac{dU}{dx}, \\ N\frac{d\rho}{dz}+\rho\frac{dN}{dz}&=U\frac{d\rho}{dy}+\rho\frac{dU}{dy}. \end{aligned} \tag{23}$$

Or dans l'équation (16), l'expression correspondante à

$$M\,dx + N\,dy + U\,dz$$

est de la forme

$$\frac{d\Omega}{dx}dx + \frac{d\Omega}{dy}dy + \frac{d\Omega}{dz}dz\ ,$$

qui, étant une différentielle exacte, satisfait aux conditions (22) et, par suite, les équations (23) se réduisent aux suivantes :

$$M\frac{d\rho}{dy} - N\frac{d\rho}{dx} = o\ ,$$

$$M\frac{d\rho}{dz} - U\frac{d\rho}{dx} = o\ ,$$

$$N\frac{d\rho}{dz} - U\frac{d\rho}{dy} = o\ .$$

Si on ajoute ces trois expressions, on obtient l'équation aux différences partielles

$$(24)\qquad (N+U)\frac{d\rho}{dx} + (U-M)\frac{d\rho}{dy} - (M+N)\frac{d\rho}{dz} = o\ ,$$

qui fera connaître la valeur de ρ

Or, on sait que l'intégrale générale d'une équation de la forme

$$P\frac{d\rho}{dx} + Q\frac{d\rho}{dy} + R\frac{d\rho}{dz} = S$$

dépend des intégrales des trois expressions

$$\frac{d\rho}{dx} = \frac{S}{P}\,,\ \frac{d\rho}{dy} = \frac{S}{Q}\,,\ \frac{d\rho}{dz} = \frac{S}{R}$$

qui, dans le cas de l'équation, (24), à cause de $S = o$, se réduisent aux suivantes:

$$\frac{d\rho}{dx} = o,\ \frac{d\rho}{dy} = o,\ \frac{d\rho}{dz} = o,$$

desquelles on déduit immédiatement

$$\rho = c\ ;$$

c étant une constante, ce qu'il fallait démontrer.

CHAPITRE IV

ÉQUILIBRE INTÉRIEUR DES CORPS A L'ÉTAT LIBRE.

---

31. Le caractère essentiel des corps à l'état libre consiste dans la propriété de pouvoir se dilater ou se contracter, sans accroissement de force élastique ; mais il serait impossible de concevoir des corps de cette nature, homogènes et sans préférence de forme, tels que sont, par exemple, les corps solides, si on attribuait aux forces moléculaires le même mode d'action que pour les corps en état d'élasticité. Dans le cas qui nous occupe, les actions intérieures mutuelles sont susceptibles de certaines restrictions qui résultent de la liberté même du système et qu'il est indispensable de connaître.

Remarquons d'abord, que toute force dont la loi est définie doit avoir un centre d'action déterminé, autrement son effet serait dénaturé : ainsi, par exemple, si une force qui varie en raison inverse du carré de la distance et qui est appliquée à un point matériel, n'émanait pas d'un centre d'action déterminé, fixe ou variable, le déplacement du point serait quelconque et ne répondrait pas à la loi de la force.

Or, dans un système de points matériels libres dans l'espace et sollicités par des forces mutuelles, le centre d'action est indéterminé, parce qu'aucun des points n'a une position fixe qui lui permette de réagir sur tous les autres.

Soit, par exemple, une série de molécules équidistantes $m m_1\, m_2\, m_3\, m_4$, situées sur une droite (fig. 3). La résultante des forces qui agissent sur la molécule m_4, suivant que le centre fixe d'action est fourni par l'une quelconque des molécules $m m_1\, m_2\, m_3$, a pour valeur

$$X = \frac{\alpha}{r^2} + \frac{\alpha}{4r^2} + \frac{\alpha}{9r^2} + \frac{\alpha}{16r^2},$$

lorsque le centre d'action est en m :

$$X_1 = \frac{\alpha}{r^2} + \frac{\alpha}{4r^2} + \frac{\alpha}{9r^2},$$

lorsqu'il est en m_1 :

$$X_2 = \frac{\alpha}{r^2} + \frac{\alpha}{4r^2},$$

s'il est en m_2 ; et enfin

$$X_3 = \frac{\alpha}{r^2}$$

si le centre est en m_3.

Mais le mouvement d'un point quelconque du système ayant lieu d'une manière déterminée, malgré l'indétermination du centre d'action, il faut que ce mouvement soit le même pour toutes les positions qui peuvent être attribuées à ce centre ; ce qui exige que la résultante des forces qui sollicitent un même point, ait la même valeur et la même direction quel que soit le centre choisi arbitrairement, c'est-à-dire qu'on devra avoir

$$X_3 = X_2 = X_1 = X.$$

Or en vertu des valeurs précédentes de X_3 et X_2, la première de ces égalités devient

$$\frac{\alpha}{r^2} = \frac{\alpha}{r^2} + \frac{\alpha}{4r^2};$$

d'où il suit qu'on devra avoir $\frac{\alpha}{4r^2} = 0$.

La seconde égalité devenant par le même procédé

$$\frac{\alpha}{r^2} + \frac{\alpha}{4r^2} = \frac{\alpha}{r^2} + \frac{\alpha}{4r^2} + \frac{\alpha}{9r^2},$$

on aura $\frac{\alpha}{9r^2} = 0$.

Enfin, la dernière donne de la même manière $\frac{\alpha}{16r^2} = 0$ et, par suite, on a définitivement

$$X_3 = X_2 = X_1 = X = \frac{\alpha}{r^2}.$$

Pour la molécule m_3, suivant que le centre d'action est en $m m_1$ m_2 ou m_4 on aurait pareillement

$$X = \frac{\alpha}{r^2} + \frac{\alpha}{4r^2} + \frac{\alpha}{9r^2},$$

$$X_1 = \frac{\alpha}{r^2} + \frac{\alpha}{4r^2},$$

$$X_2 = \frac{\alpha}{r^2},$$

$$X_4 = \frac{\alpha}{r^2};$$

ce qui conduirait encore à l'égalité multiple

$$X_4 = X_2 = X_1 = X = \frac{\alpha}{r^2}.$$

Le résultat serait identique, pour les autres molécules.

Ce raisonnement étant applicable à un corps de forme quelconque, on arrive à conclure ce principe important, que, *dans les corps libres, la résultante des actions intérieures mutuelles se réduit à la force directe entre deux molécules contiguës, rapportée à autant de centres d'action qu'il y a de molécules.*

32. Dans l'équation générale (14) de l'équilibre, les forces représentées par X, Y, Z sont sensées avoir les mêmes centres d'action pour toutes les molécules, quelle que soit d'ailleurs la distance finie ou infinie à laquelle ces centres sont situés. Or, ainsi que nous venons de le voir, il n'existe pas de forces de cette nature dans les corps libres.

On devra donc poser

$$X = o\ ,\ Y = o\ ,\ Z = o$$

dans cette équation qui, alors, se réduira à

$$dp = o$$

d'où, en intégrant

$$p = c\ .$$

La constante c ayant pour valeur l'action directe entre les molécules contiguës, action qui existe seule dans les corps parfaitement libres, abstraction faite des forces extérieures, et qui, étant la même pour chaque molécule, rend la pression et la densité uniformes. Cette constante est nulle, si le corps est parfaitement libre, et, dans tous les autres cas, elle représente une pression extérieure, qui reste constante malgré les variations du volume du corps, telle par exemple, que la pression atmosphérique.

On conclut de là que *tous les corps libres sont homogènes et que leur élasticité est constante et indépendante de la forme et de la masse du corps, abstraction faite des forces extérieures.*

Cette conséquence importante simplifie considérablement la théorie de l'élasticité des corps solides, et nous donne l'explication de ce fait, démontré par l'expérience, que l'on peut détacher d'un corps solide des parties ayant telles formes que l'on veut, sans qu'elles tendent à se déformer, ni que leur densité change ou cesse d'être uniforme ; ce qui ne pourrait évidemment pas avoir lieu si les molécules étaient sollicitées par des forces dépendantes de la forme et de la masse du corps.

33. Au premier abord, on a quelque peine à admettre que le groupement d'un grand nombre de molécules, sollicitées par des forces mutuelles, puisse donner lieu à une résultante nulle, pour l'ensemble des forces de leur système ; mais, sans chercher bien loin l'exemple d'un fait analogue, comprend-on beaucoup plus facilement qu'une sphère creuse, composée de couches concentriques homogènes, n'exerce aucune action sur un point situé d'une manière quelconque dans l'intérieur de sa plus petite surface ? Ces deux principes sont bien, en effet, aussi extraordinaires l'un que l'autre, et il est nécessaire d'avoir toute la confiance acquise aux vérités mathématiques, pour que la raison ne se refuse pas à en reconnaître l'exactitude.

34. Il nous reste maintenant à déterminer la valeur de la pression constante c.

Or, d'après ce qui précède, cette pression est égale à la force élastique entre deux molécules contiguës, rapportée à l'unité de surface, c'est-à-dire qu'on aura, d'après la formule (10),

$$c = \frac{Am^2}{s}\left(\frac{\theta}{r^3} - \frac{1}{r^2}\right)\ ;$$

s étant la projection de la surface de la molécule sur un plan normal à la direction de la force.

Si le corps est à l'état solide, comme il sera démontré au N° 45 que son système moléculaire est un octaèdre, on arrive, par un raisonnement analogue à celui du N° 26, à la relation

$$r^3 = \frac{m}{\rho}\frac{3}{\sqrt{2}};$$

d'où, en substituant la valeur de r dans l'équation précédente et en réduisant,

(25) $$c = \frac{1}{3} A \rho \frac{m}{s}\left[\theta \sqrt{2} - \left(6\frac{m}{\rho}\right)^{\frac{1}{3}}\right];$$

et telle est la formule cherchée, qui donne la pression constante dans l'intérieur des corps solides à l'état libre.

Cette formule permet de déterminer les variations de volume et de densité, lorsqu'on fait varier la quantité de chaleur. D'abord, en la résolvant par rapport à ρ, on tire, pour la valeur de la densité

$$\rho = F(\theta);$$

ensuite, en divisant la masse par la densité, on aura le volume du corps;

$$V = \frac{M}{F(\theta)}.$$

Si V_0 est le volume initial, correspondant à la quantité de chaleur θ_0, on aura de la même manière

$$V_0 = \frac{M}{F(\theta_0)}$$

et, par suite,

$$\frac{V}{V_0} = \frac{F(\theta_0)}{F(\theta)}.$$

Comme, d'après ce qui précède, un corps libre est essentiellement homogène, quelle que soit sa quantité de chaleur, il est évident qu'en se dilatant ou en se contractant par l'effet de la chaleur, il restera semblable à lui-même, et par suite, sa dilatation ou sa contraction linéaire uniforme sera donnée par l'expression

$$a = \left(\frac{V}{V_0}\right)^{\frac{1}{3}} = \left[\frac{F(\theta_0)}{F(\theta)}\right]^{\frac{1}{3}}$$

Si le corps donné est un corps solide complètement libre, tel qu'il serait par exemple en tombant librement dans le vide, la pression extérieure étant nulle, on a C=0, dans l'équation (25), et la valeur de a devient

$$a = \frac{\theta}{\theta_0}$$

c'est-à-dire que, dans ce cas, la dilatation linéaire est proportionnelle à la quantité de chaleur.

Si la constante c est la force qui fait équilibre à la pression atmosphérique, comme l'effet de cette pression sur les corps solides est presque nul, on conclut encore, dans ce cas, que la dilatation est sensiblemeet proportionnelle à la quantité de chaleur.

L'expérience a démontré qu'en général les coefficients de dilatation augmentent avec la température ; mais cela provient de ce que le calorique latent croît plus rapidement que le calorique sensible : car il est prouvé que, à chaleur sensible égale, les gaz ont un calorique latent supérieur à celui des solides. Or, comme le thermomètre ne donne que la chaleur sensible, il s'en suit qu'à des degrés égaux de chaleur sensible, correspondent des degrés toujours croissants de chaleur latente et, par conséquent, que le corps reçoit en réalité plus de chaleur que n'en accuse le thermomètre,

Telle est donc l'unique raison qui fait qu'en apparence les dilatations croissent plus rapidement que les températures.

35. Il peut arriver que le corps libre ait ses molécules sollicitées par des forces extérieures ; dans ce cas, les forces intérieures X, Y, Z continuent à être nulles ; mais les forces extérieures X', Y', Z', subsistent dans l'équation (15) laquelle devient, par conséquent,

$$dp = \rho\,(X'\,dx + Y'\,dy + Z'\,dz)\,; \qquad (26)$$

la densité ρ étant constante, si la quantité dans les parenthèses est la différentielle totale d'une fonction complète en x, y, z est variable dans le cas contraire.

Dans les corps de cette nature, la pression n'est constante que sur les surfaces de niveau données par l'équation.

$$\rho\,(X'\,dx + Y'\,dy + Z'\,dz) = 0\,.$$

CHAPITRE V.

DISCUSSION DE L'ÉLASTICITÉ DES SYSTÈMES DE PLUSIEURS MOLÉCULES.

1° *Fluides élastiques — Saturation et liquéfaction par compression.*

36. La discussion de la formule (20) conduit à quelques conséquences naturelles importantes; elle donne, par sa valeur maximum, l'explication du phénomène de la saturation par compression, et par sa valeur nulle, celle du phénomène de la liquéfaction ; mais cette discussion résultera encore plus clairement de l'application que nous ferons de la formule à un cas très-simple.

Soit une sphère du rayon R, remplie de gaz, et cherchons la valeur de la pression qui est produite à sa surface extérieure, ou en un point quelconque de son intérieur.

On sait que, s'il s'agit de l'attraction de la sphère sur un point situé à la distance λ de son centre, on a

$$\Omega = \frac{1}{2}\frac{\mu}{\lambda};$$

μ étant la masse de la sphère de rayon λ.
Si le point est sur la surface même de la sphère, on aura

$$\Omega = \frac{1}{2}\frac{M}{R};$$

M étant la masse totale de la sphère.
L'équation (20) devient, dans ce cas,

$$p = A\rho\left(\frac{m}{s}\theta - \frac{1}{2}\frac{M}{R}\right)$$

ou, à cause de $\rho = \frac{3M}{4\varpi R^3}$,

$$(27) \qquad p = \frac{3AM}{4\varpi R^3}\left(\frac{m}{s}\theta - \frac{1}{2}\frac{M}{R}\right).$$

Si on cherche la valeur de R qui rend p maximum, on trouve, en la représentant par R_1,

$$(28) \qquad R_1 = \frac{2Ms}{3m\theta};$$

ce qui signifie que, si l'on fait décroître le rayon jusqu'à cette limite, la pression augmentera jusqu'à son maximum, et la couche de gaz située à la surface de la sphère, passera à l'état de saturation.

37. A mesure que la pression p approche du maximum, le rapport $\frac{dp}{dR}$ approche de sa valeur $\frac{dp}{dR} = 0$. qui donne $dp = 0$; d'où l'on conclut que l'accroissemnnt de la pression tend vers zéro, quand on approche de la saturation. En effet, il résulte des expériences de Regnault que, pour l'acide carbonique, qui est un des gaz les plus facilement liquéfiables et partant plus près de la saturation, la force élastique croît plus lentement que pour le gaz hydrogène, qu'on n'a pu, jusqu'à présent, réduire à l'état liquide.

En outre, comme la condition $dp=0$ donne, en intégrant, $p=$ constante, il en résulte que, dans le cas de la saturation, la pression se maintient constante. On sait, en effet, que si l'on comprime de la vapeur saturée, une partie passe à l'état liquide; mais que, pour la partie restante, la tension reste la même et maximum.

38. En faisant décroître R, il arrivera un moment où, à cause de

$$\frac{m}{s}\theta = \frac{1}{2}\frac{M}{R},$$

on aura

$$p = 0;$$

cette valeur de p sera celle qui correspond à la liquéfaction du gaz.

Or, dans ce cas, on a

$$R = \frac{Ms}{2m\theta},$$

c'est-à-dire les 3/4 de la valeur de R qui correspond à la saturation. Donc, si on comprime une sphère pleine de gaz jusqu'à ce que son rayon soit les 3/4 de celui qui correspond à la saturation, la couche de gaz située à la surface passera à l'état liquide; si on continue à faire décroître le rayon, la couche suivante deviendra liquide, et ainsi de suite, jusqu'à ce que tout le gaz soit liquéfié.

Si des forces extérieures, telles que la pesanteur, agissent sur les molécules du gaz, les couches liquéfiées, au lieu de se maintenir dans la forme sphérique, sont précipitées dans la partie inférieure de la sphère, et constituent le liquide qu'on observe au fond du vase, lorsqu'on comprime une vapeur saturée.

2° *Fluides aériformes libres. — Atmosphère.*

30. Les gaz à l'état naturel sont des corps libres dont les molécules sont soumises à la pesanteur et à d'autres forces extérieures. Si la pesanteur est la seule force extérieure, qui agit sur la masse des molécules, ainsi que cela a lieu sensiblement pour l'atmosphère, on a

$$X' = 0,\ Y' = 0,\ Z' = -\frac{g r^2}{(r+z)^2}.$$

L'équation de l'équilibre (26) se réduit donc à la suivante

$$(29) \qquad dp = -\rho g \frac{r^2\,dz}{(r+z)^2}$$

Le second membre de cette équation n'étant pas une différentielle totale, complète en x, y, z, la densité ρ n'est pas nécessairement constante, et, par suite, il y a lieu de déterminer sa nature.

Pour cela, considérons, dans la masse fluide, le système de deux molécules M et M' (fig. 4), situées sur la même verticale; leur élasticité devra faire équilibre à la pression correspondante à la hauteur du fluide sur le centre O du système, laquelle pression comprend par conséquent le poids de la molécule supérieure. Si on représente par p cette pression, rapportée à l'unité de surface, par s la projection horizontale de la molécule soumise à la pression, et par m la masse d'une molécule, on aura, en vertu de la formule (10)

$$(30) \qquad ps = \theta\frac{Am^2}{r^3} - \frac{Am^2}{r^2}.$$

Or, en remarquant que, dans l'étendue d'une couche infiniment mince, on peut considérer la densité ρ comme si elle était constante, on a, d'après le N° 26,

$$\rho = \frac{m}{r^3};$$

d'où, en substituant dans cette expression, la valeur de r tirée de (30), que nous représenterons par F (p,θ), il vient

$$(31) \qquad \rho = \frac{m}{[F(p,\theta)]^3}.$$

Cette formule donnera la densité ρ pour une pression quelconque p et pour une quantité de chaleur θ, étant connues les constantes A, m et s.

En substituant cette valeur de ρ dans l'équation de l'équilibre (20) et en multipliant ensuite les deux membres par $[F(p,\theta)]^3$, on aura

$$dp\,[F(p,\theta)]^3 = -mg\,\frac{r^2 dz}{(r+z)^2}:$$

équation qui, intégrée, donnera une relation entre p et z, qui permettra de déterminer la pression, en un point quelconque, en fonction de la hauteur z.

40. Toutefois, si on remarque que l'attraction mutuelle des molécules, étant presque nulle dans les fluides aériformes, peut être négligée, sans erreur sensible, dans la formule (30), la valeur de ρ (31), se réduit simplement à

$$\rho = \frac{s}{Am} \cdot \frac{p}{\theta}$$

et puisque A, m et s sont des constantes, en représentant la quantité $\frac{s}{Am}$ par c, on pourra écrire

$$\rho = c\,\frac{p}{\theta};$$

c'est-à-dire que la densité d'une couche atmosphérique est proportionnelle à la pression et en raison inverse de la quantité de chaleur: résultat conforme à l'expérience.

41. Nous ne reviendrons pas ici sur l'explication des phénomènes de la liquéfaction et de la solidification sous la pression atmosphérique, cette question ayant déjà été traitée par nous, aussi complètement qu'il nous a été possible, dans le chapitre premier du second livre.

CHAPITRE VI.

ÉLASTICITÉ DES CORPS SOLIDES.

42. Nous avons vu au N° 32 que les corps solides à l'état primitif, c'est-à-dire complétement libres et soustraits à l'action déformatrice de la pesanteur, ou de toute autre force étrangère, étaient homogènes et d'élasticité constante. On conclut, de cette constitution essentiellement régulière du milieu solide, que les molécules sont équidistantes et symétriquement placées, par rapport à certains axes convenablement choisis. Soit OA (fig. 5) la projection verticale d'un de ces axes, que nous prendrons pour celui des z; faisons passer par le point O deux autres axes rectangulaires, dont un, OB en projection verticale et O'B' en projection horizontale, soit pris pour axe des x et l'autre O'C, en projection horizontale, pour axe des y; ces trois axes formeront un système de coordonnées rectangulaires.

Cela posé, soient m et m'' deux molécules sur l'axe OA, si m' est une autre molécule située dans le plan des xz, la symétrie veut qu'il y en ait une autre m''' dans le même plan et à égale distance des deux autres; enfin, s'il existe une molécule m^{iv} dans le plan parallèle aux xy, qui passe par m' m''', la symétrie veut également qu'il y en ait une autre m^{v} dans le même plan.

Or, puisque les distances entre les molécules sont égales, le système des six points matériels $mm'\,m''\,m'''\,m^{iv}\,m^{v}$ forme un octaèdre régulier, dont il suffira de connaître les propriétés élastiques, parce que celles du corps entier s'en suivront.

Dans l'état primitif, le plan des xz coupe l'octaèdre suivant le carré $m\,m'\,m''\,m'''$; mais, si on suppose le point m fixe et qu'on applique au point m'' une force P, il y aura déformation du système, c'est-à-dire allongement suivant l'axe des z et contraction suivant les axes des x et des y, jusqu'à ce que l'élasticité ait équilibré cette force, et le carré $mm'\,m''\,m'''$, deviendra le losange $m\,\alpha\,\beta\,\gamma$.

Représentons par F la force élastique qui a lieu entre les molécules m et m', m' et m'', m''' et m''', m''' et m, m et m^{iv}, m^{iv} et m'' m et m^{v}, m^{v} et m'' et par l leur distance; par f la force élastique qui a lieu entre les molécules m' et m^{iv}, m' et m^{v}, m''' et m^{iv}, m''' et m^{v} et par u leur distance; par Φ la forme élastique entre les molécules m' et m''', m^{iv} et m^{v} et par R leur distance; par χ la force élastique entre les molécules m et m'' et par λ leur distance.

Pour que le système soit en équilibre, il suffit évidemment que les résultantes des forces, évaluées suivant les trois diagonales, soient nulles.

Dans l'état initial d'équilibre, c'est-à-dire quand aucune force extérieure n'a agi sur le système, on a évidemment

$$\Phi_0 = \chi_0$$

Supposons maintenant, qu'une force P soit appliquée à la molécule m'' ; le système des points $m m' m'' m'''$ pourra être considéré comme un parallélogramme articulé, et l'accroissement de la distance entre les molécules m et m'' produira un accroissement $\chi-\chi_0$ de leur force élastique, qui devra faire équilibre à la force P, et l'on aura

$$(\chi-\chi_0)+P=0 \tag{32}$$

Ensuite, comme dans le parallélogramme $m m' m'' m'''$, les distances, entre les molécules m et m', m' et m'', m'' et m''', m''' et m, ne sont pas invariables, l'éloignement des points m et m'' produira sur la molécule m' une force élastique dont la résultante, dirigée suivant la diagonale m' m''', sera $F\frac{R}{l}$; en outre, comme cette résultante tendrait à déplacer le point m' il en résulte encore une autre force élastique entre ce dernier et les points m^{IV} et m^{V} dont la résultante, suivant la même diagonale, est $f\frac{R}{u}$; enfin, il en résultera un accroissement $\Phi-\Phi_0$ de la force élastique entre m' et m'''. Par suite, pour que l'équilibre puisse avoir lieu, il faut que la résultante totale suivant la diagonale m' m''' soit nulle, ce qui exige que l'on ait

$$\Phi-\Phi_0+F\frac{R}{l}+f\frac{R}{u}=0 \tag{33}$$

La condition de l'équilibre serait la même suivant la diagonale m^{IV} m^{V}.

Les deux équations (32) et (33) sont suffisantes pour déterminer l'élasticité du système donné, en y joignant les relations

$$2l=\sqrt{R^2+\lambda^2},\ R=u\sqrt{2}, \tag{34}$$

qui résultent de la forme du système et les expressions des forces χ, Φ, F, f, qui sont, d'après le N° 17,

$$\chi=\alpha\frac{\theta-\lambda}{\lambda^3},\quad \Phi=\alpha\frac{\theta-R}{R^3},$$

$$F=\alpha\frac{\theta-l}{l^3},\quad f=\alpha\frac{\theta-u}{u^3}. \tag{35}$$

43. — Il y a lieu, croyons-nous, de placer ici quelques explications sur la nature des relations (32) et (33).

D'abord, comme on le voit, la première de ces équations fait dépendre l'élasticité du système de la seule force χ entre les molécules m et m''. Or, comme la force de traction P fait naître des actions élastiques entre les autres molécules du système, il semblerait que ces actions dussent entrer dans la même équation, afin d'être équilibrées par la force P qui les a produites. Mais, si on remarque que les actions entre les molécules m et m', m' et m'', m'' et m''', m''' et m donnent, à cause de la dilatation, une résultante attractive suivant la diagonale m' m''' ; et qu'au contraire les actions entre les molécules m' et m^{IV}, m' et m^{V}, m''' et m^{IV}, m''' et m^{V} donnent, à cause de la contraction, une résultante répulsive suivant la même diagonale, on comprend aisément que ces molécules, puisqu'elles sont tout-à-fait libres, pourront toujours prendre des positions telles que ces résultantes contraires se détruisent, ou que le système de ces forces soit en équilibre indépendamment de la force P. C'est la condition définie par l'équation (33).

44. La discussion des formules (32) et (33) conduit à quelques conséquences importantes, que nous allons examiner.

Si on remarque que, dans l'état primitif, on a $\phi - \phi_0 = 0$, l'équation (33) devient

$$\frac{F_0}{l_0} + \frac{f_0}{u_0} = 0.$$

Or, dans ce cas, on a

$$l_0 = u_0 = \frac{R_0}{\sqrt{2}}, \quad F_0 = \alpha \frac{\theta - l_0}{l_0^3}, \quad f_0 = \alpha \frac{\theta - u_0}{u_0^3};$$

ce qui donne, en substituant et en réduisant,

$$R_0 - \theta\sqrt{2} = 0;$$

d'où l'on déduit

(36) $$R_0 = \lambda_0 = \theta\sqrt{2},$$

et, par suite,

(37) $$l_0 = u_0 = \frac{R_0}{\sqrt{2}} = \theta = r_0.$$

Ce qui nous apprend que *la distance des molécules, à la périphérie du système moléculaire, exprime la quantité de chaleur* ou, en d'autres termes, que ces molécules, étant à la distance r_0, sont en équilibre d'élasticité.

En substituant la valeur (36) de λ_0 dans l'équation (32), après y avoir remplacé χ et χ_0 par leurs valeurs en fonction de λ et λ_0, il vient

$$P = \alpha \frac{\lambda - \theta}{\lambda^3} - \frac{1}{2}\left(1 - \frac{1}{2}\sqrt{2}\right)\frac{\alpha}{\theta^2}.$$

Cette expression a un maximum, qui est donné par $\lambda = \frac{3}{2}\theta$, et dont la valeur est

$$P = \left(\frac{1}{4}\sqrt{2} - \frac{19}{54}\right)\frac{\alpha}{\theta^2} = 0,0017\,\frac{\alpha}{\theta^2};$$

et l'on voit, d'après cela, que la résistance à la rupture varie en raison inverse de la quantité de chaleur, ce qui est d'accord avec l'expérience.

Comme dans l'état primitif nous avons trouvé (36) que l'on a $\lambda_0 = \theta\sqrt{2}$, on obtient pour l'allongement total correspondant à la charge de rupture

$$\lambda - \lambda_0 = \frac{3}{2}\theta - \theta\sqrt{2} = 0,0858.\,\theta$$

et pour l'allongement de l'unité de longueur

$$\frac{\lambda - \lambda_0}{\lambda_0} = 0,0608\ldots.$$

D'après cela, la rupture n'aurait lieu que lorsque le corps se serait allongé de $\frac{6}{100}$ de sa longueur. Dans la nature, les corps solides ne s'allongent pas générâlament d'une quantité aussi grande, avant de se rompre; mais cela provient de ce que leur allongement n'est pas uniforme, ainsi que nous allons le voir.

Lorsqu'un effort extérieur est appliqué à un corps, celui-ci cesse d'être libre, et son élasticité étant mise en jeu, les composantes des forces intérieures mutuelles que nous avons représentées par X, Y, Z, ne sont plus nulles. Par suite, l'on comprend aisément que si ces forces s'ajoutent à l'action directe des molécules contiguës, la résistance à la traction peut cesser d'être uniforme.

Soit donné le système d'un certain nombre de molécules libres et équidistantes, $m m' m'' m''' m^{\text{IV}}$, situées sur un axe commun (fig. 6). Si, aux deux extrémités de cet axe, on applique une traction P, l'élasticité du système sera mise en jeu, chaque extrémité se comportera comme un centre d'action, et une molécule quelconque subira l'attraction de toutes les autres, dans deux directions différentes; ainsi, par exemple, en supposant toujours l'équidistance des molécules, ce qui a sensiblement lieu, on aura pour la molécule m''' la somme des attractions des molécules $m'' \; m' \; m$, diminuée de l'attraction de la molécule m^{IV}, qui agit en sens contraire, ce qui donne

$$X_3 = \frac{\alpha}{r^2} + \frac{\alpha}{4r^2} + \frac{\alpha}{9r^2} - \frac{\alpha}{r^2} = \frac{\alpha}{4r^2} + \frac{\alpha}{9r^2} ;$$

et, pour la résultante appliquée à la molécule m'',

$$X_2 = \frac{\alpha}{r^2} + \frac{\alpha}{4r^2} - \left(\frac{\alpha}{r^2} + \frac{\alpha}{4r^2}\right) = 0 .$$

On voit donc que, pour la molécule m'', la résultante de l'action mutuelle intérieure du système entier est nulle; d'où l'on conclut que pour cette molécule, l'élasticité, réduite à l'action directe entre les molécules contiguës, est minimum, ce qui détermine le point de rupture.

Dans un corps de forme quelconque, l'ensemble des points analogues à celui que nous venons de déterminer, constitue une surface de moindre élasticité, suivant laquelle se produit la rupture.

Il est évident, d'après cela, que si, pour les molécules qui se trouvent dans le joint de rupture, l'allongement est de $\frac{6}{100}$, il sera moindre pour celles situées en dehors de ce joint, et, partant aussi, l'allongement moyen du corps sera moindre que $\frac{6}{100}$.

Pour déterminer le joint de rupture, il suffira donc d'exprimer que, pour tous les points qui s'y trouvent situés, la différence des forces mutuelles provenant des deux parties du corps considérées comme deux centres d'attraction, est nulle. Ainsi, par exemple, on trouve que pour une droite matérielle de longueur égale à l, le point de moindre élasticité est donné par la formule

$$\int_{z_0}^{\gamma} \frac{\rho \, dz}{(\gamma - z)^2} - \int_{\gamma}^{z_1} \frac{\rho \, dz}{(z_1 - z)^2} = 0.$$

la droite donnée étant prise pour axe des γ et des z et γ se rapportant au point cherché.

Dans le cas d'une droite homogène, la densité ρ étant constante, cette formule donne, en effectuant l'intégration.

$$\frac{1}{\gamma - z_0} - \frac{1}{z_1 - \gamma} = 0\ ;$$

d'où l'on tire

$$\gamma = \frac{z_1 + z_0}{2} = z_0 + \frac{z_1 - z_0}{2} = z_0 + \frac{l}{2},$$

c'est-à-dire que le point dont il s'agit est situé au milieu de la longueur de la droite.

On obtiendrait facilement des formules analogues pour d'autres corps quelconques.

Toutefois, il existe des causes accidentelles, qui peuvent déplacer le joint de rupture; ainsi, par exemple, si des points matériels ont entre eux une adhérence défectueuse produite par des solutions de continuité, ou si les sections formées par des plans normaux à l'axe de traction, ne sont pas toutes parfaitement égales, il en résultera une série de points pour lesquels le travail, sous l'effort de traction, sera plus grand que pour les autres, et où le corps finira par se rompre, avant que toutes les molécules aient atteint leur distance limite.

45. On reconnaît facilement que la décomposition en systèmes octaédriques à laquelle donne lieu le genre de symétrie admis dans les calculs qui précèdent, est la seule qui convienne aux corps solides homogènes et d'élasticité constante

En effet, nous venons de voir par l'expression (37), que les molécules situées à la périphérie du polyèdre sont à la distance r_0 et, par conséquent, en équilibre d'élasticité, ce qui fait que les molécules en diagonale, étant séparées par une distance plus grande que r_0, sont sollicitées par une force attractive. D'où l'on conclut que, le système moléculaire devra être celui dans lequel la diagonale est minimum.

Or, en représentant le côté par r, les diagonales des deux polyèdres réguliers symétriques sont $r\sqrt{3}$ pour l'hexaèdre, et $r\sqrt{2}$ pour l'octaèdre.

Cette dernière diagonale étant moindre que la première, on en conclut ce théorème important:

Dans tout corps solide homogène et d'élasticité constante, la forme du système moléculaire est octaédrique.

— *Remarque.* — Puisque la diagonale du cube correspond au maximum, ce polyèdre est celui qui convient aux fluides expansifs, et l'on arrive ainsi à établir d'une autre manière le théorème du N° 25.

CHAPITRE VII.

THÉORIE DE LA FORMATION DES CRISTAUX.

46. Lorsqu'on passe en revue la série de corps susceptibles de cristalliser, on s'aperçoit aisément que tous les procédés qui peuvent produire ce phénomène, se réduisent à deux principaux, qui sont la *dissolution* et la *fusion;* mais la cristallisation n'a lieu qu'exceptionnellement par le second procédé, tandis que par le premier elle a lieu pour tous les corps solubles en général.

On est ainsi porté à croire que c'est par l'étude du premier procédé, qu'on doit rechercher la véritable cause de la cristallisation, et que ce phénomène n'a lieu par le second que parce que, dans certains cas, les molécules du corps se trouvent dans des conditions analogues à celles qui déterminent la cristallisation dans le premier.

L'action dissolvante est, comme on sait, purement mécanique; elle s'exerce par les molécules du corps dissolvant, qui s'interposent entre celles du corps soluble et détruisent leur cohésion, absolument comme le ferait le calorique. Une fois dissous, le corps se trouve disséminé d'une manière uniforme dans le milieu dissolvant, et, quoique les molécules aient conservé la même température, il est, par le fait, devenu liquide, comme si la fusion avait eu lieu par une élévation de température.

Cette analogie entre l'action du corps dissolvant et celle de l'éther, nous explique parfaitement les deux modes principaux de cristallisation; et cette analogie résulte encore plus évidente de ce que la solubilité augmente avec la température, ce qui prouve que les deux actions sont complémentaires.

Maintenant, si on suppose que la dissolution soit saturée, et qu'on la fasse refroidir ou qu'on la laisse évaporer, comme le degré de saturation doit rester le même, elle abandonnera des molécules du corps dissous, qui retourneront à l'état solide, dès qu'elles seront soustraites à l'action dissolvante.

Or, le système moléculaire de la dissolution étant composé d'un certain nombre de molécules du corps dissolvant et du corps dissous, lorsqu'en un point quelconque de la masse, les molécules du corps dissolvant se détachent des systèmes moléculaires dont elles faisaient partie intégrante, les molécules du corps dissous, redevenues libres, se réunissent en une masse homogène, et de leur groupement il résulte un corpuscule solide, qui se maintient insoluble dans le milieu saturé.

Ces corpuscules solides constituent autant de petits cristaux élémentaires, que le liquide, obéissant aux lois de l'attraction, dépose d'une manière uniforme sur la surface du cristal en formation; lequel va ainsi en grossissant d'après sa forme primitive, sauf les modifications qui peuvent résulter des causes accidentelles, perturbatrices du phénomène.

Suivant la nature du corps dissolvant, le système moléculaire de la dissolution pourra être très-différent et composé d'un nombre plus ou moins grand de molécules du corps dissous; par suite, quand ces molécules rendues à elles-mêmes, se trouveront réunies, leur groupement aura des formes variables suivant leur nombre: autrement dit, le cristal élémentaire et, par conséquent, le système de cristallisation seront variables suivant la nature du corps dissolvant. C'est ce qui explique le fait, démontré par l'expérience, qu'un même corps peut cristalliser suivant des formes différentes.

Les petits cristaux élémentaires, qui viennent grossir le cristal primitif, se déposent sur ses faces planes dans des positions semblables et sans enchevêtrement, étant dirigés dans leur assiette par les faces des petits cristaux déjà placés; d'où résultent des séries de couches comprises entre des plans parallèles, équidistants et menés dans des directions différentes, suivant la forme du cristal élémentaire.

Cette aggrégation de corpuscules solides, donne à la masse du cristal des propriétés particulières, qui le font différer considérablement des corps non cristallisés, par sa constitution intérieure. Dans ces derniers, les systèmes moléculaires sont dans une dépendance mutuelle, puisqu'une même molécule est commune à un certain nombre de systèmes, ainsi que nous l'avons vu au N° 25 pour les fluides homogènes en état d'élasticité. Dans les corps cristallisés, au contraire, chaque système constitue un cristal élémentaire, indépendant des autres, puisque toutes les molécules qui le composent lui sont propres. Par suite, l'on conçoit aisément que la cohésion entre ces petits cristaux soit différente de celle entre les molécules qui les composent; d'où résultent les propriétés connues des plans de clivage. On comprend en outre aisément que, quand une nouvelle assise de cristaux élémentaires vient se déposer sur la partie déjà formée, elle peut trouver sur la surface de celle-ci une couche très-mince de matière hétérogène ou de liquide dissolvant, que le cristal conserve même après sa formation et qui a pour effet de diminuer l'adhérence entre les différentes couches et de faciliter la décomposition par le clivage.

47. Cette explication si simple du phénomène de la cristallisation, dans le cas du liquide cristallin, s'étend très-facilement au cas de la cristallisation par fusion. En effet, dans ce dernier cas, le corps dissolvant est remplacé par l'éther, dont les molécules combinées avec celles du corps fondu, constituent le système moléculaire de la masse liquéfiée. Quand ensuite le refroidissement a lieu, les molécules d'éther abandonnent les systèmes moléculaires dont elles faisaient partie, et celles du corps fondu, ayant perdu leur calorique de liquidité, retournent à l'état solide et se groupent en petits cristaux élémentaires, si toutefois la nature du refroidissement le permet.

LIVRE QUATRIÈME.

THÉORIE DE LA CHALEUR.

CHAPITRE PREMIER.

COMPARAISON DES TEMPÉRATURES.

48. Dans le livre premier, nous avons démontré que la température, ou le phénomène visible de la chaleur, s'exprimait par le travail de la force répulsive, dont les molécules des corps chauds sont autant de centres d'action. Il en résulte que deux corps ont la même température, quand leurs molécules se repoussent avec la même puissance vive, parce que, en effet, dans ces conditions il y a équilibre de température entre les molécules de l'un et celles de l'autre.

Cela posé, considérons deux molécules appartenant à des corps de nature différente et ayant pour masses m et m', animées d'une certaine force répulsive; et soient V et V_1 les vitesses qu'elles s'impriment mutuellement à une distance quelconque r.

Les forces vives seront respectivement, d'après le N° 5,

$$mV_1^2 = m\frac{R'}{r^2}, \quad m'V^2 = m'\frac{R}{r^2}$$

et les températures, en vertu de la formule (5),

$$T = \frac{1}{2}m\frac{R'}{r^2} \quad , \quad T' = \frac{1}{2}m'\frac{R}{r^2};$$

d'où l'on tire le rapport des températures

$$\frac{T}{T'} = \frac{mR'}{m'R}.$$

D'après la remarque du N° 4, si θ est la quantité de chaleur de la molécule m et θ' celle de la molécule m', on a $R = \theta mm'A$ et $R' = \theta' mm'A$, et, par suite, en substituant dans le rapport précédent,

$$(37) \qquad \frac{T}{T'} = \frac{m\theta'}{m'\theta}.$$

Dans le cas où les températures T et T' sont égales, on a

$$1 = \frac{m\,\theta'}{m'\,\theta};$$

d'où l'on tire la proportion

$$(38) \qquad \frac{\theta'}{\theta} = \frac{m'}{m}.$$

On en conclut ce théorème important:

Lorsque deux corps ont des températures égales, leurs quantités de chaleur sont directement proportionnelles aux masses des molécules, et, par suite, dans un rapport constant, pour ces mêmes corps, quelle que soit leur température commune.

49 — Si on représente le rapport constant $\frac{m'}{m}$ par K', l'expression précédente devient

$$(39) \qquad \frac{\theta'}{\theta} = \mathrm{K'} \text{ ; d'où } \theta' = \mathrm{K'}\,\theta \text{ ;}$$

et l'on pourra ainsi obtenir la quantité de chaleur d'un corps donné, pour une température quelconque, au moyen de la quantité de chaleur d'un corps pris pour base et du coefficient K.

Pour avoir le coefficient K, il suffira, d'après cela, de calculer, pour une température quelconque, le rapport de la valeur de θ du corps donné à celle du corps pris pour base.

50. Si m et m' sont les masses des molécules de deux corps donnés et m_0 la masse de la molécule du corps pris pour base, comme on a, d'après la définition des coefficients K

$$\mathrm{K} = \frac{m}{m_0}, \quad \mathrm{K'} = \frac{m'}{m_0},$$

il en résulte le rapport

$$(40) \qquad \frac{\mathrm{K'}}{\mathrm{K}} = \frac{m'}{m},$$

c'est-à-dire que les coefficients K sont entre eux comme les masses des molécules correspondantes.

51. Dans le cas où les températures ne sont pas égales, on tire de l'expression (37)

$$\frac{\theta'}{\theta} = \frac{\mathrm{T}}{\mathrm{T'}} \cdot \frac{m'}{m};$$

d'où, en remplaçant le rapport $\frac{m'}{m}$ par sa valeur (40),

$$\frac{\theta'}{\theta} = \frac{\mathrm{T}}{\mathrm{T'}} \cdot \frac{\mathrm{K'}}{\mathrm{K}}.$$

Cette formule donne le rapport des quantités de chaleur, quand les molécules ont des températures différentes.

CHAPITRE II.

TRANSMISSION DU CALORIQUE

52. Soient deux molécules M' et M ayant respectivement $m_{,}$ et m pour masses, situées à la distance r l'une de l'autre, et qui se servent mutuellement de sources de chaleur; et soit θ_0' la quantité de chaleur de la molécule M' et θ_0 celle de la molécule M. Si l'on a $\theta_0 > \theta_0'$, la molécule M cédera à M' une partie de sa chaleur, jusqu'à ce que l'uniformité soit établie. Il s'agit de déterminer la quantité de chaleur transmise dans un temps donné.

Or, si à une certaine époque la molécule M' a reçu la quantité de chaleur $\theta_{,}$, sa chaleur sera devenue $\theta_0' + \theta_{,}$, tandis que celle de la molécule M ne sera plus que $\theta_0 - \theta_{,}$ et, par suite, l'excédant de chaleur sera réduit à

$$(\theta_0 - \theta_{,}) - (\theta'_0 + \theta_{,}) = \theta_0 - \theta'_0 - 2\theta_{,}\,.$$

Conséquemment, l'expression de la force répulsive correspondante à cet excédant de chaleur, sera, d'après le N° 2.

$$A\,m\,m_{,}\,\frac{\theta_0 - \theta'_0 - 2\theta_{,}}{r^2}\,.$$

Comme cette force représente l'accélération dans le mouvement varié qu'elle définit, en la prenant avec le signe négatif, parce que la vitesse est décroissante, on obtient, par le même raisonnement qu'au N° 5, pour l'expression de la vitesse

$$V = \frac{1}{r}\sqrt{A\,m\,m_{,}\,(\theta_0 - \theta'_0 - 2\theta_{,})}\,.$$

Or, en représentant par θ' et θ les quantités de chaleur actuelles des deux molécules, M' et M, on a

$$\theta' = \theta'_0 + \theta_{,} \quad , \quad \theta = \theta_0 - \theta_{,}$$

et, par suite, en retranchant la première de ces deux égalités de la seconde,

$$\theta - \theta' = \theta_0 - \theta'_0 - 2\theta_{,}\,;$$

d'où, en substituant dans l'expression de V,

$$V = \frac{1}{r}\sqrt{A\,m\,m_{,}\,(\theta - \theta')} \qquad (41)$$

La force accélératrice agissant d'une manière continue, tant que l'excédant de chaleur n'est pas nul, la vitesse s'accumule, pour ainsi dire à l'état latent, dans la molécule M' et, dans un temps infiniment court, l'accroissement de cette vitesse latente sera exprimé par Vdt. C'est le flux ou le débit de chaleur qui passe de la molécule M à la molécule M', et, par conséquent, l'on a

$$d\theta' = V\,dt\,;$$

d'où, en substituant à V sa valeur (41)

$$d\theta' = \frac{1}{r}\sqrt{A m m_1 (\theta - \theta')}\,dt \tag{42}$$

et telle est la loi de l'échange de chaleur, c'est-à-dire la quantité de chaleur cédée dans l'élément du temps, en fonction des quantités de chaleur actuelles des deux molécules.

53. De l'expression (42) on tire

$$t = \frac{r}{\sqrt{A m m_1}} \int \frac{d\theta'}{\sqrt{\theta - \theta'}}\ ;$$

d'où, effectuant l'intégration, en remarquant que, à cause de l'indépendance des quantités de chaleur initiales, on a θ' indépendant de θ, il vient

$$t = -2r\sqrt{\frac{\theta - \theta'}{A m m_1}} + c\ . \tag{43}$$

En déterminant la constante par la condition que, pour $\theta = \theta_0$ et $\theta' = \theta_0'$ on ait $t = o$, on trouve

$$c = 2r\sqrt{\frac{\theta_0 - \theta_0'}{A m m_1}}\ ,$$

et, par suite, la valeur de t devient

$$t = 2r\left[\sqrt{\frac{\theta_0 - \theta_0'}{A m m_1}} - \sqrt{\frac{\theta - \theta'}{A m m_1}}\right]; \tag{44}$$

et telle est la formule qui fait connaître le temps après lequel la différence des quantités de chaleur des molécules est devenue $\theta - \theta'$.

Dans le cas où les molécules sont de la même nature, cette formule devient

$$t = 2r\left[\sqrt{\frac{\theta_0 - \theta_0'}{A m^2}} - \sqrt{\frac{\theta - \theta'}{A m^2}}\right]. \tag{45}$$

54. Dans ce qui précède nous n'avons considéré que la transmission de la quantité de chaleur; mais il y a lieu aussi de déterminer l'échange de température, qui donne lieu à un problème analogue.

Nous examinerons d'abord le cas où les molécules sont de la même nature.

Pour cela, remarquons que, d'après le N° 5, si on représente par T_0' et T_0 les températures initiales des molécules M' et M et par T' et T leurs températures actuelles, on a

$$T_0' = \frac{1}{2} A m^3 \frac{\theta_0}{r^3} \quad , \quad T_0 = \frac{1}{2} A m^3 \frac{\theta_0'}{r^3} \quad ,$$

$$T' = \frac{1}{2} A m^3 \frac{\theta}{r^3} \quad , \quad T = \frac{1}{2} A m^3 \frac{\theta'}{r^3} \quad ,$$

expressions desquelles on tire

$$\theta_0 = \frac{2 r^3}{A m^3} T_0' \quad , \quad \theta_0' = \frac{2 r^3}{A m^3} T_0 \quad ,$$

$$\theta = \frac{2 r^3}{A m^3} T' \quad , \quad \theta' = \frac{2 r^3}{A m^3} T \quad ;$$

et, par suite, en substituant dans la valeur (45) de t et en réduisant,

$$(46) \qquad t = \frac{2 r^3}{A m^3} \left[\sqrt{\frac{2}{m}(T_0' - T_0)} - \sqrt{\frac{2}{m}(T' - T)} \right]$$

De cette expression on tire

$$(47) \quad T' - T = T_0' - T_0 - \frac{A m^3 t}{r^3} \left[\sqrt{\frac{m}{2}(T_0' - T_0)} - \frac{A m^3 t}{8 r^3} \right]$$

Remarquons, maintenant, que l'échange de chaleur θ_1 donne lieu, pour la molécule qui a la plus forte température, à une perte de température $T_1 = \frac{1}{2} A m^3 \frac{\theta_1}{r^3}$, qui est égale au gain de température de l'autre. Quant à savoir laquelle des deux molécules possède la plus ou moins forte température, on y arrive facilement à l'aide de la remarque suivante:

Remarque. — D'après la relation (37 *bis*) les températures sont en raison inverse des quantités de chaleur; d'où l'on conclut que la molécule qui a la moindre quantité de chaleur est celle qui correspond à la plus forte température et réciproquement. (Pour dissiper toute apparence d'anomalie, il suffit de réfléchir qu'un corps ne se dilate pas par lui-même, mais par l'action qui lui vient d'une source extérieure; ce qui prouve que la température n'est pas en rapport avec la chaleur propre de la molécule, mais avec la chaleur de la source; et, comme dans le cas actuel, les molécules se servent mutuellement de sources de chaleur, on conçoit aisément que les températures et les quantités de chaleur soient dans un rapport réciproque).

D'après cette remarque, comme nous avons supposé que la molécule M' avait la moindre quantité de chaleur, elle correspondra à la plus forte température, et l'on pourra poser

$$T' = T_0' - T_1 \quad ,$$
$$T = T_0 + T_1 \quad ,$$

et, par suite, en ajoutant ces deux égalités, on aura

$$(48)\qquad T' + T = T'_0 + T_0 \ ;$$

d'où l'on tire

$$T' = T_0' + T_0 - T \ .$$

En substituant cette valeur de T' dans la formule (47) et en tirant la valeur de T, on a définitivement

$$(49)\qquad T = T_0 + \frac{A m^2 t}{2 r^2}\left[\sqrt{\frac{m}{2}\,(T_0' - T_0)} - \frac{A m^3 t}{8 r^2}\right] ;$$

et telle est la formule qui donne la température de la molécule qui a la plus faible température, après le temps t, dans le cas de molécules de même nature.

55. En différentiant l'expression (49), on trouve

$$d\,T = \frac{A m^2}{2 r^2}\left[\sqrt{\frac{m}{2}(T_0' - T_0)} - \frac{A m^3 t}{4 r^2}\right] dt \ ;$$

d'où, en remplaçant t par sa valeur (46)

$$(50)\qquad d\,T = \frac{A m^2}{2 r^2}\sqrt{\frac{m}{2}\,(T' - T)}\ dt \ .$$

Telle est la loi de l'échange de température, en fonction des températures actuelles T' et T, dans le cas de molécules de même nature.

56. Examinons maintenant le cas où les molécules M' et M sont de nature différente et ont respectivement pour masses m_1 et m; les autres conditions étant les mêmes que dans le cas précédent.

Nous aurons, dans ce cas,

$$T_0' = \frac{1}{2} A\, m_1^2\, m \frac{\theta_0}{r^2} \ , \quad T_0 = \frac{1}{2} A\, m_1 m^2 \frac{\theta_0'}{r^2} \ ,$$

$$T' = \frac{1}{2} A\, m_1^2\, m \frac{\theta}{r^2} \ , \quad T = \frac{1}{2} A\, m_1 m^2 \frac{\theta'}{r^2} \ ;$$

d'où l'on tire

$$\theta_0 = \frac{2 r^2}{A m_1^2 m}\, T_0' \ , \quad \theta_0' = \frac{2 r^2}{A m_1 m^2}\, T_0 \ ,$$

$$\theta = \frac{2 r^2}{A m_1^2 m}\, T' \ , \quad \theta' = \frac{2 r^2}{A m_1 m^2}\, T \ ,$$

et, par suite, en substituant dans la valeur (44) de t et réduisant, il vient

$$(51)\qquad t = \frac{2 r^2}{A m m_1}\left[\sqrt{\frac{2}{m}\left(T_0' \frac{m}{m_1} - T_0\right)} - \sqrt{\frac{2}{m}\left(T' \frac{m}{m_1} - T\right)}\right] .$$

De cette expression, on tire

$$(52)\ T'\frac{m}{m_1} - T = T_0'\frac{m}{m_1} - T_0 - \frac{A\,mm_1 t}{r^2}\left[\sqrt{\frac{m}{2}\left(T_0'\frac{m}{m_1} - T_0\right)} - \frac{A\,m^2 m_1 t}{8\,r^2}\right]$$

Or, en vertu de la remarque précédente, l'échange de la quantité de chaleur θ_1, donne lieu, pour la molécule M' qui a la plus forte température, à une perte de température

$$(53)\qquad T_1' = \frac{1}{2}\,A m_1^2\, m\,\frac{\theta'}{r^2}\ ,$$

et pour la molécule M qui a la plus faible température, à un gain de température

$$(54)\qquad T_1 = \frac{1}{2}\,A\,m_1 m^2\,\frac{\theta_1}{r^2}\ ;$$

d'où il résulte que la température de la molécule M' sera réduite à

$$(55)\qquad T' = T'_0 - T'_1\ ;$$

tandis que celle de la molécule M sera devenue

$$(56)\qquad T = T_0 + T_1\ ..$$

En retranchant la seconde de ces deux égalités de la première, on a

$$(57)\qquad T' - T = T_0' - T_0 - (T_1' + T_1).$$

Comme des relations (53) et (54) on tire le rapport $\frac{T_1'}{T_1} = \frac{m_1}{m}$; d'où

$$(58)\qquad T_1' = T_1\frac{m_1}{m}\ ,$$

en substituant dans l'expression (57), il vient

$$(59)\qquad T' - T = T'_0 - T_0 - T_1\left(1 + \frac{m_1}{m}\right).$$

Si, maintenant, on remplace T_1 par sa valeur $T - T_0$ tirée de (56), on aura

$$T' - T = T_0' + T_0\frac{m_1}{m} - T\left(1 + \frac{m_1}{m}\right)\ ;$$

d'où l'on tire

$$T' = \frac{T_0'\,m + T_0\,m_1}{m} - T\frac{m_1}{m}.$$

En substituant cette valeur de T' dans la formule (52), et en tirant ensuite la valeur de T, il vient

$$(60)\ T = T_0 + \frac{A\,m\,m_1 t}{2\,r^2}\left[\sqrt{\frac{m}{2}\left(T_0'\frac{m}{m_1} - T_0\right)} - \frac{A\,m^2 m_1 t}{8\,r^2}\right];$$

et telle est la formule qui donne la température de la molécule qui a la plus faible température, après le temps t, dans le cas de molécules de nature différente.

On trouverait facilement une formule analogue pour la molécule qui a la plus forte température.

57. En différentiant l'expression (60), on trouve

$$dT = \frac{Amm_1}{2r^2}\left[\sqrt{\frac{m}{2}\left(T_0' \frac{m}{m_1} - T_0\right)} - \frac{Am^2m_1t}{4r^2}\right]dt\;;$$

d'où, en remplaçant t par sa valeur (51),

$$dT = \frac{Amm_1}{2r^2}\sqrt{\frac{m}{2}\left(T' \frac{m}{m_1} - T\right)}\,dt\;; \tag{61}$$

et tel est *le théorème de l'échange de température, pendant l'élément de temps, entre deux molécules de nature quelconque.*

58. Dans le cas où les molécules sont de la même nature, la température finale est égale à la moyenne des températures primitives; car pour $T'=T$ la relation (48) donne, en effet,

$$T = \frac{T'_0 + T_0}{2} \tag{62}$$

Mais, si les molécules sont de nature différente, la valeur de la température finale n'est plus égale à la moyenne des températures primitives. Elle sera plus forte ou plus faible, suivant les cas, car pour $T'=T$ les relations (55) et (56) donnent, en les ajoutant,

$$T = \frac{T_0' + T_0}{2} + \frac{T_1 - T_1'}{2}. \tag{63}$$

Pour déterminer la valeur du terme $\frac{T_1 - T_1'}{2}$, remarquons que, pour $T'=T$ la relation (59) devient

$$T_0' - T_0 - T_1\left(1 + \frac{m_1}{m}\right) = 0\;;$$

d'où

$$T_1 = m\frac{T_0' - T_0}{m + m_1},$$

valeur, qui substituée dans celle (58) de T_1', donne

$$T_1' = m_1\frac{T_0' - T_0}{m + m_1}.$$

Enfin, en substituant ces valeurs de T_1 et T_1' dans le terme $\frac{T_1 - T_1'}{2}$, il vient

$$\frac{T_1 - T_1'}{2} = \frac{1}{2}(T_0' - T_0)\frac{m - m_1}{m + m_1}.$$

Cette expression étant positive pour $m_1 < m$ et négative pour $m_1 > m$ il en résulte que *la température finale sera plus grande que la moyenne des températures primitives, si la masse m_1 de la molécule qui a la plus forte température primitive est moins grande que la masse m de l'autre, et qu'elle sera moindre dans le cas contraire.*

Ce résultat est en tout point conforme à l'expérience. On sait, en effet, que lorsqu'on mélange des corps de nature différente, mais ayant la même masse, la température après le mélange n'est pas égale à la moyenne des températures primitives de chacun d'eux. Phénomène qui a donné lieu à la recherche des caloriques spécifiques.

En substituant la valeur de $\frac{T_1 - T_1'}{2}$ dans l'expression (63), il vient

$$\text{(64)} \qquad T = \frac{T_0' m + T_0 m_1}{m + m_1} ;$$

et telle est la formule qui donne la température finale dans le cas de molécules de nature différente.

59. D'après le N° 50, les coefficients K repérés au corps dont la masse de la molécule est m_0, ont pour valeurs

$$K = \frac{m}{m_0} \quad , \quad K_1 = \frac{m_1}{m_0} ;$$

d'où l'on tire

$$m = m_0 K \quad , \quad m_1 = m_0 K_1 .$$

En substituant ces valeurs de m et m_1 dans l'expression (64), on a la température finale en fonction des coefficients K et K_1, qui est donnée par la formule

$$\text{(65)} \qquad T = \frac{T_0' K + T_0 K_1}{K + K_1}$$

60. Les expressions (62) et (64) de la température finale peuvent encore être obtenues d'une manière plus directe. En effet, comme à la fin de la transmission, on a T'=T puisque les températures sont égales de part et d'autre, la valeur (46) de t devient

$$t = \frac{2 r^2}{A m^2} \sqrt{\frac{2}{m} (T_0' - T_0)} ;$$

c'est le temps après lequel les deux molécules ont la même température. En substituant cette valeur de t dans la formule (49) on obtient, comme précédemment,

$$T = \frac{T_0' + T_0}{2} .$$

Dans le cas où les molécules sont de nature différente, la valeur de t donnée par la formule (51) pour T'=T est

$$\text{(66)} \quad t = \frac{2 r^2}{A m m_1} \left\{ \sqrt{\frac{2}{m}\left(T_0' \frac{m}{m_1} - T_0\right)} - \sqrt{\frac{2}{m}\left(\frac{m}{m_1} - 1\right) T} \right\} :$$

et si on la substitue dans l'expression (60) de T il vient, après les réductions et en tirant la valeur de T,

$$T = \frac{T_0' m + T_0 m_1}{m + m_1},$$

expression identique à (64) et qui doit être considérée comme une vérification. Nous pouvons donc énoncer le théorème suivant:

La température finale de la transmission de chaleur, entre deux molécules quelconques, s'obtient en faisant la somme des produits de la température primitive de chacune d'elles par la masse de l'autre, et en divisant par la somme des masses.

61. — Considérons maintenant l'échange de température entre une masse composée de n molécules égales à m_1 et une autre masse composée de p molécules égales à m; et supposons, pour plus de simplicité, que la distance entre chaque système de deux molécules m_1 et m soit la même, ou puisse être considérée comme telle.

Si on représente par θ_1' la quantité de chaleur gagnée, après un certain temps, par une molécule m_1 et par θ_1 celle perdue par une molécule m; les quantités totales de chaleur gagnée et perdue devant être égales, on aura

$$\Sigma\, \theta_1' = \Sigma\, \theta_1,$$

ou, dans le cas actuel,

$$n\,\theta_1' = p\,\theta_1,$$

et, par suite,

$$\theta_1' = \frac{p}{n}\theta_1.$$

En vertu de cela, les relations (53) et (54) deviennent

$$T_1' = \frac{1}{2} A\, m_1^2\, m \frac{p}{n} \frac{\theta_1}{r^2},$$

$$T_1 = \frac{1}{2} A\, m_1 m^2 \frac{\theta_1}{r^2};$$

d'où l'on tire le rapport

$$\frac{T_1'}{T_1} = \frac{p}{n}\frac{m_1}{m},$$

et, par suite,

$$T_1' = \frac{p}{n}\frac{m_1}{m} T_1.$$

En substituant cette valeur de T_1' dans la relation (57), il vient

$$T' - T = T_0' - T_0 - T_1\left(1 + \frac{p}{n}\frac{m_1}{m}\right),$$

et, si on remplace T_1 par sa valeur $T - T_0$ tirée de (56), on a

$$T' = T_0' + T_0 \frac{p}{n}\frac{m_1}{m} - T \frac{p}{n}\frac{m_1}{m}.$$

Cette valeur de T' mise dans la formule (52) donne définitivement

$$T = T_0 + \frac{n}{p+n} \frac{A\,m\,m_1\,t}{r^2} \left\{ \sqrt{\frac{m}{2}\left(T_0' \frac{m}{m_1} - T_0\right)} - \frac{A\,m^2\,m_1\,t}{8\,r^2} \right\} ;$$

et telle est la formule qui donne la température d'une molécule m du corps plus froid, après le temps t.

La recherche de la température finale conduit à quelques conséquences importantes que nous allons examiner.

D'abord, si dans l'expression précédente on substitue la valeur (66) de t pour $T' = T$ il vient, pour la température finale,

$$T = \frac{n\,T_0'\,m + p\,T_0\,m_1}{n\,m + p\,m_1} .$$

Comme cette expression peut se mettre sous la forme :

$$T = T_0' - \frac{p\,m_1}{n\,m + p\,m_1} (T_0' - T_0) ,$$

on voit que la température finale tend vers la température primitive T_0' du corps qui a le plus grand nombre de molécules, si le nombre n des molécules de ce corps augmente indéfiniment, ou, si le nombre p des molécules de l'autre diminue indéfiniment.

On tire de là cette conséquence importante que les *indications d'un thermomètre sont d'autant plus exactes, que sa masse est moindre comparativement à celle du corps soumis à l'expérience.*

Il résulte encore de cette formule que la température finale diminue avec la masse m de la molécule du corps plus froid, ce qui prouve que ce corps absorbe à l'état latent une certaine quantité de chaleur, d'autant plus grande que la masse de sa molécule est moindre.

D'après cela, *les corps les plus subtils ou dont la molécule a la moindre masse, tels que les gaz, par exemple, sont ceux qui possèdent le plus grand calorique latent.* Ce fait est confirmé par l'expérience ; nous avons déjà eu l'occasion de le rappeler au N° 34 et nous nous en servirons encore au N° 70 pour expliquer certaines anomalies apparentes de la théorie.

62. La loi de l'échange de chaleur se déduirait facilement, par analogie, du problème connu de l'équilibre d'un liquide dans deux vases communiquants. En effet, soient A et B (fig. 7) deux tubes verticaux égaux, réunis à leurs bases par un tube horizontal C de même section intérieure, et supposons la branche A de cet appareil pleine de liquide sur la hauteur H au-dessus du tube C, tandis que la branche B est vide à partir du dessus du même tube. Si l'on met en communication les deux tubes A et B, après un certain temps, une partie du liquide contenu dans A sera passée dans B.

Soit h la hauteur à laquelle s'élève le liquide dans la branche B au-dessus du tube horizontal ; comme les deux branches ont la même section intérieure, le liquide se sera abaissé d'une quantité égale dans le tube A et, par suite, la pression qui était H, c'est-à-dire toute la hauteur du tube A sera réduite à MN ou $H - 2h$, dont la vitesse correspondante est

$$V = \sqrt{2g\,(H - 2h)} .$$

Comme le temps employé par le liquide pour arriver à la hauteur h dans le tube B est donné par la formule

$$\frac{dh}{dt} = V ,$$

en substituant à la place de V sa valeur ci-dessus, on a

$$\frac{dh}{dt} = \sqrt{2g(H - 2h)} ;$$

d'où l'on tire, en intégrant

$$t = -\frac{1}{g}\sqrt{\frac{g}{2}(H - 2h)} + c$$

En comparant cette question d'hydraulique à celle relative à la transmission du calorique, on découvre entre elles une analogie parfaite, en effet, dans un cas comme dans l'autre, le fluide tend à se niveler; et la vitesse avec laquelle le liquide est transmis dépend de l'excédant de hauteur $H - 2h$, de la même manière que la vitesse du flux de chaleur dépend de l'excédant de chaleur $(\theta_0 - \theta_0') - 2\theta$. L'expression du temps a la même forme dans les deux cas, à un facteur constant près, de telle sorte qu'il suffirait de remplacer $H - 2h$ par $\theta - \theta'$ et g par $\frac{A\,mm,}{2r'}$ dans l'expression précédente, pour obtenir l'expression (43).

63. La loi définie par les formules (50) et (61) s'éloigne assez de celle donnée par Newton. Cet illustre géomètre avait posé, pour l'échange approché de température, la loi simple suivante:

$$(67) \qquad dT = a(T' - T)\,dt ,$$

qui a été adoptée par les géomètres modernes, avec la restriction d'une valeur très-petite de $T' - T$ ou de la différence des températures; mais même dans ce cas restreint, elle ne saurait être admise comme suffisamment approchée, et nous allons voir qu'elle conduit à des conséquences incompatibles avec le phénomène qu'elle est sensée représenter.

En intégrant cette expression, en ayant égard à ce que T' est indépendant de T à cause de l'indépendance des températures primitives, on trouve

$$t = -\frac{1}{a}\,\text{log. nép.}\,(T' - T) + c ;$$

d'où, en déterminant la constante C par la condition que, pour $T' - T = T_0' - T_0$, on ait $t = o$, il vient

$$(68) \qquad t = \frac{1}{a}\,\text{log. nép.}\,\frac{T_0' - T_0}{T' - T} .$$

Or, comme à la fin de la transmission on a $T' - T = o$, il résulte de cette formule que t devient infini, pour cette valeur de la différence des températures; ce qui ne doit pas être, puisque l'équilibre des températures a lieu après un temps fini.

On peut même aller plus loin, et démontrer que toute expression de la forme

$$dT = a(T' - T)^n\, dt\ ,$$

dans laquelle n est un nombre positif plus grand que l'unité, ou négatif quelconque, ne peut pas exprimer la loi de l'échange de température. En effet, on trouve, dans le cas de n positif, plus grand que l'unité,

$$t = \frac{1}{a}\,\frac{1}{n-1}\left\{ \frac{1}{(T'-T)^{n-1}} - \frac{1}{(T_0'-T_0)^{n-1}} \right\} ;$$

expression qui devient également infinie pour $T'-T=0$.

Enfin, si l'exposant n est un nombre négatif quelconque, comme on a alors

$$dT = a\,\frac{dt}{(T'-T)^n}\ ,$$

c'est dT qui devient infini pour $T'-T=0$, tandis qu'on devrait avoir $dT=0$.

On conclut de cela que n doit être positif, plus grand que zéro et moindre que l'unité, et, en effet, les formules (50) et (61) indiquent que l'on a $n = \frac{1}{2}$, ce qui est une moyenne entre les deux limites zéro et l'unité.

La formule (68) donne

$$T' - T = \frac{T_0' - T_0}{e^{at}}\ ;$$

d'où, en remplaçant T' par sa valeur $T_0'+T_0-T$ tirée de l'égalité (48) et en tirant ensuite la valeur de T on a

$$T = T_0 + \frac{T_0' - T_0}{2}\left(1 - \frac{1}{e^{at}}\right) .$$

D'après cette formule, l'équilibre des températures n'aurait lieu qu'après un temps infini; d'où l'on conclut qu'elle donne des résultats plus faibles que les formules (49) et (60). Ses seules valeurs exactes sont celles correspondantes à $t=0$ et à $T_0'-T_0=0$, parce que, dans ces deux cas, on a $T=T_0$, comme cela doit être. Il en résulte que cette formule s'éloignera d'autant moins de la vérité que t et $T_0'-T_0$ seront moins différents de zéro, et, en effet, l'expérience a démontré que, tant que la différence des températures primitives ne dépasse pas 15 ou 20 degrés, la loi de Newton est sensiblement exacte; mais qu'au delà, les résultats qu'elle donne sont trop faibles.

Cette discussion peut paraître superflue, au premier abord; mais elle a sa raison d'être: car, à la seule inspection des formules (50), (61) et (67), il semblerait que la loi différentielle de la dernière, étant proportionnelle à la différence des températures, devrait être plus rapide que celle des deux autres, qui est proportionnelle à la racine carrée de cette différence. Cependant, la loi intégrale, qui seule peut être vérifiée expérimentalement, prouve le contraire, et cette anomalie apparente provient de ce que la masse d'une molécule étant, dans tous les cas, une quantité très-petite, son produit par la différence des températures, est moindre que l'unité; d'où il résulte que l'on a

$$\sqrt{m\,(T'-T)} > m\,(T'-T)\ .$$

CHAPITRE III.

CALORIQUE SPÉCIFIQUE.

64. Le calorique spécifique d'un corps est la quantité de chaleur qu'il absorbe lorsque sa température s'élève d'un degré, comparativement à celle qu'absorberait, dans le même cas, une masse égale d'un autre corps, ce qui revient à prendre pour unité le calorique spécifique de ce dernier.

Soient A et B deux corps ayant la même masse M et soit C le calorique spécifique de B et T_0' sa température. La quantité de calorique nécessaire pour élever de zéro à un degré, une unité de masse du corps A étant prise pour unité, il faut M de ces unités pour élever de zéro à un degré une masse M du même corps, et, pour élever cette dernière masse de zéro à T_0' degrés, il faut T_0' fois plus, c'est-à-dire MT_0'. Or, puisque telle est la quantité de calorique nécessaire pour porter de zéro à T_0' degrés une masse M du corps A dont le calorique spécifique est l'unité, il est évident que, pour le corps B dont le calorique spécifique est C, il faut C fois plus, ou CMT_0'. Il en résulte que, si le corps s'échauffe ou se refroidit de T_0' à T degrés, le calorique absorbé ou perdu, pourra être représenté par les formules connues

$$MC(T - T_0') \quad , \quad MC(T_0' - T) .$$

Supposons maintenant, que l'on mette en communication la masse M du corps B, à la température de T_0', avec une masse égale du corps A, à la température T_0, de manière qu'elles échangent leur calorique. Si le corps A est le moins chaud, sa température s'élèvera, et, si on représente par T la plus haute température qu'il atteint lorsque la transmission de chaleur est terminée, le corps B se sera refroidi d'un nombre de degrés représenté par $T_0'-T$ et il aura, par conséquent, perdu une quantité de chaleur qui a pour mesure

$$MC(T_0' - T) .$$

L'autre corps, au contraire, se sera échauffé d'un nombre de degrés exprimé par $T-T_0$ et aura, par conséquent, gagné une quantité de calorique

$$M(T - T_0) .$$

Or, la quantité de chaleur cédée par le corps plus chaud est évidemment égale à celle absorbée par le corps plus froid; on a donc l'équation

$$(69) \qquad MC(T_0' - T) = M(T - T_0) .$$

D'après le théorème du N° 60, si m_0 est la masse d'une molécule du corps A et m celle d'une molécule du corps B, on a, pour la valeur de la température finale,

$$T = \frac{T_0' m_0 + T_0 m}{m_0 + m}, \tag{70}$$

en substituant cette valeur de T dans l'expression (69) il vient

$$C\left(T_0' - \frac{T_0' m_0 + T_0 m}{m_0 + m}\right) = \frac{T_0' m_0 + T_0 m}{m_0 + m} - T_0,$$

ce qui donne, en réduisant,

$$C m = m_0;$$

d'où l'on tire

$$C = \frac{m_0}{m}. \tag{71}$$

Comme on aurait de la même manière, pour les deux corps A et B'

$$C_1 = \frac{m_0}{m_1},$$

on en conclut le rapport

$$\frac{C}{C_1} = \frac{m_1}{m}; \tag{72}$$

ce qui indique que *les caloriques spécifiques de deux corps de nature différente sont en raison inverse des masses de leurs molécules.*

Cette loi conduit à une relation remarquable entre les caloriques spécifiques et les poids atomiques des corps simples.

Remarquons d'abord, que la combinaison chimique, la plus simple, de deux corps de nature différente, est évidemment celle dans laquelle un atome de l'un est combiné avec un atome de l'autre.

Cela posé, la combinaison la plus simple des deux corps A' et B dont les atomes ont respectivement pour masses m_0' et m sera celle dans laquelle une masse quelconque M contient un même nombre n d'atomes de chacun d'eux, c'est-à-dire telle que l'on ait

$$M = n m_0' + n m:$$

on aurait de la même manière pour une combinaison analogue entre les corps A' et B'

$$M_1 = n m_0' + n m_1.$$

Si on divise par nm_0' les seconds membres de ces équations, les rapports

$$\frac{n m_0'}{n m_0'} = 1 = p_0,$$

$$\frac{n m}{n m_0'} = \frac{m}{m_0'} = p,$$

$$\frac{n m_1}{n m_0'} = \frac{m_1}{m_0'} = p_1,$$

des masses d'un nombre égal d'atomes de chaque corps composant la masse totale M sont ce qu'on appelle en Chimie les *poids atomiques* des corps A', B et B', rapportés à celui du corps A' pris pour unité.

Or, de ces rapports on tire

$$m = p\, m_0' \quad , \quad m_1 = p_1\, m_0' \ ,$$

et, par suite, en substituant ces valeurs de m et m_1 dans l'égalité (72), il vient

$$\frac{C}{C_1} = \frac{p_1}{p} \ ;$$

ce qui nous apprend que, *pour les corps simples, les caloriques spécifiques sont en raison inverse des poids atomiques,* ainsi que Dulong et Petit l'avaient conclu de leurs expériences.

65. Les mêmes raisonnements sont applicables aux corps composés, ayant la même formule atomique. En effet, on peut traiter les corps composés comme s'ils étaient simples, en considérant comme une simple molécule le groupement d'un certain nombre d'atomes de nature différente.

Supposons un corps dont la molécule serait composée de n atomes ayant pour masse m ; de n_1 atomes ayant pour masse m_1 ; de n_2 atomes ayant pour masse m_2, etc ; les quantités n, n_1, n_2,.... seront ce qu'on appelle en Chimie les *exposants atomiques,* et la masse de la molécule du corps composé sera exprimée par

$$M = nm + n_1 m_1 + n_2 m_2 + \ldots\ ;$$

par suite, le poids atomique de ce corps s'obtiendra en divisant cette masse par celle d'un nombre égal d'atomes m_0' du corps pris pour base, c'est-à-dire par

$$M_0 = m_0' (n + n_1 + n_2 + \ldots) \ ;$$

ce qui donne

$$(73) \qquad P = \frac{M}{M_0} = \frac{nm + n_1 m_1 + n_2 m_2 + \ldots}{m_0' (n + n_1 + n_2 + \ldots)} \ .$$

Pour un autre corps ayant une composition chimique analogue, on aurait semblablement

$$(74) \qquad P' = \frac{M'}{M_0} = \frac{n m' + n_1 m_1' + n_2 m_2' + \ldots}{m_0' (n + n_1 + n_2 + \ldots)} \ .$$

Maintenant, si on représente par C le calorique spécifique, rapporté à la base m_0, du corps composé dont le poids atomique rapporté à la base m_0' est P, la formule (69) sera toujours applicable et, quant à la la valeur de T, il est évident qu'elle sera obtenue en substituant dans (70), à la place de m la valeur de $M = n m + n_1 m_1 + n_2 m_2 + \ldots$ qui représente la masse de la molécule du corps composé et à la place de m_0 la quantité $m_0 (n + n_1 + n_2 + \ldots)$, ce qui donne

$$T = \frac{T_0' m_0 (n + n_1 + n_2 + \ldots) + T_0 (nm + n_1 m_1 + n_2 m_2 + \ldots)}{m_0 (n + n_1 + n_2 + \ldots) + nm + n_1 m_1 + n_2 m_2 + \ldots} ,$$

valeur qui, substituée dans (69), donne

$$(75) \qquad C = \frac{m_0 (n + n_1 + n_2 + \ldots)}{n m + n_1 m_1 + n_2 m_2 + \ldots}.$$

Pour un autre corps de composition chimique analogue, on aurait

$$C' = \frac{m_0 (n + n_1 + n_2 + \ldots}{n m' + n_1 m_1' + n_2 m_2' + \ldots},$$

et, par suite,

$$\frac{C}{C'} = \frac{n m' + n_1 m'_1 + n_2 m'_2 + \ldots}{n m + n_1 m_1 + n_2 m_2 + \ldots}.$$

Or, les expressions (73) et (74) donnent le rapport

$$\frac{P'}{P} = \frac{n m' + n_1 m'_1 + n_2 m_2' + \ldots}{n m + n_1 m_1 + n_2 m_2 + \ldots};$$

d'où l'on conclut, à cause de l'égalité des seconds membres,

$$(76) \qquad \frac{C}{C'} = \frac{P'}{P};$$

c'est-à-dire que *les caloriques spécifiques des corps composés ayant même formule atomique sont en raison inverse des poids atomiques.*

Ce principe, qui n'est qu'une extension de la loi de Dulong et Petit, a été également constaté par l'expérience.

66. On peut donner plus de généralité à la relation entre les caloriques spécifiques et les poids atomiques, et l'étendre à des corps ayant des formules atomiques quelconques.

En effet, si C et C' sont les caloriques spécifiques de deux corps ayant des formules atomiques différentes, rapportés à la base m_0, on aura, d'après (75),

$$(77) \qquad C = \frac{m_0 \sum n}{\sum n m}, \qquad C' = \frac{m_0 \sum n'}{\sum n' m'};$$

d'où

$$(78) \qquad \frac{C}{C'} = \frac{\sum n' m'}{\sum n m} \cdot \frac{\sum n}{\sum n'}.$$

En outre, si P et P' sont les poids atomiques de ces mêmes corps, rapportés à la base m_0', on aura, d'après (73)

$$P = \frac{\sum n m}{m_0' \sum n},$$

(79)

$$P' = \frac{\sum n' m'}{m_0' \sum n'};$$

d'où

$$\frac{P'}{P} = \frac{\sum n' m'}{\sum n m} \cdot \frac{\sum n}{\sum n'},$$

et, par suite, à cause de l'égalité du second membre à celui de (78)

(80) $$\frac{C}{C'} = \frac{P'}{P}.$$

Il en résulte ce théorème général:

Les caloriques spécifiques des corps quelconques sont en raison inverse des poids atomiques.

Remarque. Ce théorème est indépendant des bases des poids atomiques et des caloriques spécifiques, et, partant, il est vrai quelles que soient ces bases.

67. Si on prend un des corps donnés pour base des poids atomiques, c'est-à-dire si l'on pose $P' = 1$, on devra avoir, dans la seconde expression (79),

$$\sum n' m' = m_0' \sum n'$$

et, par suite,

$$(m' = m_1' = m_2' = \ldots) = m_0';$$

ce qui indique que le corps pris pour base est celui dont la masse de la molécule est m_0', comme cela devait être.

En vertu de cela, la valeur (77) de C' devient

$$C' = \frac{m_0 \sum n'}{m_0' \sum n'} = \frac{m_0}{m_0'},$$

et l'expression (80) donne

$$C = \frac{m_0}{m_0'} \cdot \frac{1}{P};$$

d'où, en substituant à P sa valeur (73) et en réduisant

$$C = \frac{n + n_1 + n_2 + \ldots}{n \frac{m}{m_0} + n_1 \frac{m_1}{m_0} + n_2 \frac{m_2}{m_0} + \ldots}$$

Or, c, c_1, c_2, ... étant les caloriques spécifiques des corps simples composants, on a, d'après (71)

$$\frac{m}{m_0}=\frac{1}{c}\ ,\ \frac{m_1}{m_0}=\frac{1}{c_1}\ ,\ \frac{m_2}{m_0}=\frac{1}{c_2}\ ,\ldots.$$

et l'expression précédente devient définitivement

$$(81)\qquad C=\frac{n+n_1+n_2+\ldots}{\frac{n}{c}+\frac{n_1}{c_1}+\frac{n_2}{c_2}+\ldots}=\frac{\sum n}{\sum\frac{n}{c}}\ ;$$

formule qui permet de déterminer le calorique spécifique d'un corps composé, au moyen des caloriques spécifiques des corps simples composants. Nous pouvons donc énoncer ce théorème remarquable :

Le calorique spécifique d'un corps composé a pour valeur la somme des exposants atomiques des corps simples composants, divisée par la somme des rapports de ces exposants aux caloriques spécifiques des atomes qu'ils affectent.

Ce théorème, qui est vrai pour une formule atomique quelconque, s'applique également, par extension, aux dissolutions et aux alliages ; mais alors les exposants atomiques sont remplacés par les taux des dissolutions ou des alliages.

68. — Si les corps composants avaient tous le même calorique spécifique, la formule (81) se mettrait sous la forme

$$C=\frac{\sum n}{\left(\frac{\sum n}{c}\right)}\ ;$$

d'où résulte

$$C=c$$

C'est-à-dire que, dans ce cas, le calorique spécifique du corps composé serait le même que celui commun à tous ses composants.

69. — Considérons maintenant un composé binaire : son calorique spécifique, donné par la formule (81), sera

$$C=\frac{n+n_1}{\frac{n}{c}+\frac{n_1}{c_1}}.$$

En résolvant cette équation par rapport à n_1, on trouve

$$n_1=n\frac{(c-C)\,c_1}{(C-c_1)\,c}\ ,$$

et l'on voit que, pour que n_1 ait une valeur positive, il faut que les quantités C, c et c_1 satisfassent à un des deux couples d'inégalités suivants :

$$\left|\begin{array}{l} c>C \\ C>c_1 \end{array}\right.\quad\text{ou}\quad\left|\begin{array}{l} c<C \\ C<c_1 \end{array}\right.$$

ou, ce qui revient au même, à une des inégalités multiples

$$c > 0 > c_1 \quad ,$$

$$c < 0 < c_1 \quad .$$

On conclut de là que le calorique spécifique du corps composé est compris entre ceux de ses composants. C'est en effet, ce que démontrent les expériences, et c'est assurément ce qui a conduit l'illustre Regnault à cette loi empirique que le calorique spécifique d'un alliage est la moyenne des caloriques spécifiques des métaux composants.

70. — Il résulte de l'expression (73) que la somme des exposants atomiques d'un corps quelconque est égale à l'exposant de la base, c'est-à-dire que, si on représente par N ce dernier et par $n + n_1 + n_2 + \ldots = \sum n$ la somme des exposants du corps donné, on a

$$\sum n = N$$

Si l'exposant de la base est l'unité, on aura

$$\sum n = 1 \quad .$$

On conclut de là que, si la base est un corps simple, toutes les formules atomiques seront telles que la somme de leurs exposants est constamment l'unité.

Les tables usuelles des poids atomiques sont toutes rapportées à un corps simple pris pour base ; mais elles manquent d'uniformité parce que la somme des exposants des corps composés n'est pas une quantité constante. C'est cette irrégularité qui a fait croire que la loi de Dulong et Petit n'était pas applicable à tous les corps.

Mais, si, tout en conservant le même rapport entre les exposants, on les transforme de manière que leur somme soit constamment l'unité, ce qui ne change pas la composition chimique du corps, on s'assure facilement que ladite loi est générale, et, à cet effet, nous donnons, ci-après, un tableau comparatif, qui servira de vérification expérimentale des formules.

La colonne (1) contient les formules atomiques usuelles et les poids atomiques correspondants.

La colonne (2) contient les formules atomiques rectifiées d'après les considérations qui précèdent, c'est-à-dire telles que la somme de leurs exposants est constamment égale à l'unité, ou à l'exposant du corps simple pris pour base. (On voit que dans cette transformation, la proportion des atomes reste la même.)

La colonne (3) contient les caloriques spécifiques observés. (Tous ces caloriques sont tirés des expériences de M. Regnault, sauf celui du carbone).

La colonne (4) contient les caloriques spécifiques calculés d'après la loi de Dulong et Petit, en prenant celui de l'hydrogène pour base.

La colonne (5) contient les caloriques spécifiques des corps composés, calculés au moyen de la formule (81), en se servant des caloriques spécifiques des corps simples de la colonne (4).

TABLEAU COMPARATIF

DÉSIGNATION DES CORPS	FORMULES ET POIDS atomiques usuels (1)		FORMULES ET POIDS atomiques rectifiés (2)		CALORIQUES SPÉCIFIQUES à poids égal et pression constante			Rapport des caloriques observés aux calculés.
						CALCULÉS		
	Formules	Poids	Formules	Poids	Observés (3)	Par la loi de Dulong et Petit. (4)	Par la formule (31) (5)	
1° Corps simples.								
Hydrogène (gaz)	H	6.2398	H	6.2398	3.4046	3,4046	»	1.000
Oxygène (gaz)	O	100 »	O	100 »	0,2182	0,2124	»	1.027
Azote (gaz)	A*z*	88.518	A*z*	88.518	0,2440	0,2399	»	1 017
Chlore (gaz)	C*l*	221.325	C*l*	221.325	0,1214	0,0959	»	1.264
Brôme (vapeur)	B*r*	489.150	B*r*	489.150	0,0552	0,0434	»	1.270
Carbone.	C	75 »	C	75 »	0,2500	0,2832	»	0,883
Antimoine	S*b*	806.452	S*b*	806.452	0,0508	0,0263	»	1.927
Soufre	S	201.165	S	201.165	0,2026	0,1056	»	1.919
Mercure.	H*g*	1265.822	H*g*	1265.822	0.0333	0,0168	»	1.987
Fer	F*e*	339 213	F*e*	339.213	0,1138	0,0629	»	1.810
2° Corps composés.								
Protoxyde d'azote (gaz) . . .	Az^2O	277.036	$Az^{\frac{2}{3}}O^{\frac{1}{3}}$	92.345	0,2238	0,2300	0,2300	0,973
Deutoxyde id. (gaz) . . .	AzO	188.518	$Az^{\frac{1}{2}}O^{\frac{1}{2}}$	94.259	0,2315	0,2254	0,2254	1.027
Acide hydrochlorique (gaz) . .	H^2Cl^2	455.129	$H^{\frac{1}{2}}Cl^{\frac{1}{2}}$	113.782	0,1845	0,1867	0,1867	0,984
id. carbonique (gaz). . . .	CO^2	275 »	$C^{\frac{1}{3}}O^{\frac{2}{3}}$	91.667	0,2210	0,2318	0,2318	0,953
id. sulfureux (gaz)	SO^2	401.165	$S^{\frac{1}{3}}O^{\frac{2}{3}}$	133.722	0,1553	0,1589	0,1589	0,977
Oxyde de carbonne (gaz). . .	CO	175 »	$C^{\frac{1}{2}}O^{\frac{1}{2}}$	87.500	0,2479	0,2428	0,2428	1.021
Gaz ammoniac	Az^2H^6	214.474	$Az^{\frac{1}{4}}H^{\frac{3}{4}}$	26.809	0,5080	0,7924	0,7924	0.641
Vapeur d'eau	H^2O	112.479	$H^{\frac{2}{3}}O^{\frac{1}{3}}$	37.493	0,4750	0,5666	0,5666	0,849
Péroxyde de fer	Fe^2O^3	978.426	$Fe^{\frac{2}{5}}O^{\frac{3}{5}}$	195.685	0,1669	0,1086	0,1086	1.531
Protochlorure de mercure . .	Hg^2Cl^2	2974.295	$Hg^{\frac{1}{2}}Cl^{\frac{1}{2}}$	743.573	0,0521	0,0286	0,0286	1.826
Oxyde d'antimoine	Sb^2O^3	1912.904	$Sb^{\frac{2}{5}}O^{\frac{3}{5}}$	382.581	0,0901	0,0555	0,0555	1.622
Acide antimonieux.	Sb^2O^4	2012.904	$Sb^{\frac{1}{3}}O^{\frac{2}{3}}$	335.484	0,0954	0,0633	0,0633	1.522
id. hydrosulfurique. . . .	SO^3	501.165	$S^{\frac{1}{4}}O^{\frac{3}{4}}$	125.291	0,2423	0,1696	0,1696	1.430

On reconnaît facilement, d'après ce tableau, que les lois trouvées précédemment pour les calorîques spécifiques et les poids atomiques, concordent avec l'expérience, en ce qui concerne les corps simples ou composés à l'état gazeux. Pour les corps liquides ou solides, les mêmes lois ne se vérifient plus d'une manière aussi exacte, et présentent même des écarts considérables; mais, si on se reporte à la dernière colonne du tableau, on voit que, pour ces derniers corps, le rapport entre les caloriques spécifiques observés et calculés est à peu près constant. Il suit de là que si l'on prenait pour base un corps solide, les lois dont il s'agit se trouveraient encore vérifiées, et, par conséquent, que les caloriques calculés pour les liquides et les solides sont ceux qui correspondent à l'état gazeux.

On doit attribuer ces écarts entre la théorie et l'observation, pour les corps qui n'ont pas le même état physique que la base, à l'emploi du thermomètre pour évaluer les températures, par la raison que cet instrument ne donne que la chaleur sensible et laisse complètement inaperçu le calorique latent. Les corps à l'état solide ayant un calorique latent moindre que lorsqu'ils sont à l'état gazeux, et les deux caloriques, latent et sensible, étant complémentaires, il s'ensuit naturellement que, à quantité égale de chaleur absorbée par les molécules, les solides présentent un calorique sensible plus considérable que les gaz. C'est encore la même raison qui fait qu'en apparence les caloriques spécifiques croissent avec la température.

D'après le tableau comparatif qui précède, le rapport du calorique sensible de l'état solide à celui de l'état gazeux, est en moyenne comme 1.73:1.00; ce qui revient à dire que, pour des quantités égales de chaleur absorbée, les corps à l'état solide paraissent près de deux fois plus chauds qu'à l'état gazeux. Le carbone semble cependant faire exception, parce que sa chaleur sensible est à peu près la même à l'état solide qu'à l'état gazeux. C'est probablement à cette propriété qu'est dû le grand pouvoir absorbant de cette substance pour la chaleur.

LIVRE CINQUIÈME

APPLICATIONS NUMÉRIQUES — CALCUL DES CONSTANTES — MÉTAPHYSIQUE MOLÉCULAIRE.

CHAPITRE PREMIER.

CALCUL DE LA CONSTANTE « A »

71. Une expérience faite par Cavendish, et dans laquelle l'attraction d'une sphère connue produisait das oscillations dont on pouvait déterminer la durée, ayant donné pour la Terre une densité moyenne égale à environ cinq fois et demie celle de l'eau, on peut obtenir, au moyen de cette donnée, une valeur approchée de la force d'attraction universelle que nous avons désignée par A.

La densité de l'eau étant représentée par $\frac{1000}{0,809}$, celle de la Terre sera donc $\frac{5500}{9.809}$, et la masse de la terre sera donnée par la formule

$$M = \frac{4}{3} \varpi R^3 \frac{5500}{9.809} ;$$

R étant le rayon moyen de la Terre égal à 6 366 000 mètres.

D'autre part, A étant la force d'attraction de deux unités de masse placées à l'unité de distance, et G l'intensité de l'attraction de la Terre sur les corps situés à sa surface, on a

$$G = \frac{AM}{R^2} .$$

Cette force G est égale à la pesanteur, augmentée de la composante verticale de la force centrifuge, en ayant égard à l'aplatissement de la Terre. Or, on a trouvé que sur le parallèle dont le carré du sinus de la latitude est $\frac{1}{3}$ et dont la distance au centre de la Terre a pour valeur $r = 6364551^m$, l'attraction est sensiblement la même que si la Terre était sphérique et qu'elle eut r pour rayon. En la calculant d'après la loi de la variation de la pesanteur à la surface de la Terre, on trouve qu'elle a pour valeur $G = 9,81645$.

Par suite, la formule précédente deviendra

$$\frac{AM}{r^2} = 9.81645\ ;$$

d'où en substituant les valeurs de M et de r et tirant ensuite celle de A, l'on obtient

$$A = 0,^k 000\,000\,000\,656\,25.....$$

quantité extrêmement faible, ainsi que l'expérience l'avait fait pressentir.

Cette force, commune à toute la matière de l'univers, est, jusqu'à ce jour, la seule vraie constante en Physique mathématique.

CHAPITRE II.

APPLICATIONS NUMÉRIQUES.

72. — A défaut d'observations directes, nous nous servirons, pour représenter les résultats de l'expérience, des formules empiriques connues, qui les suppléent suffisamment.

Pour les fluides élastiques, représentons par :

t la température du gaz,
p la force élastique du gaz à la température zéro,
α le coefficient de dilatation, dont la valeur moyenne, sensiblement uniforme pour tous les gaz, est 0,00368 par degré centigrade.
P la pression cherchée du gaz, sur l'unité de surface.

On aura d'après la loi de Mariotte,

$$P = p\,(1 + 0,00368.\,t.).$$

Soit donné, comme application, une sphère de $1^m.00$ de rayon, remplie de gaz hydrogène à la température zéro et sous la pression de $0,^m 76$ de mercure ; et soit proposé de déterminer la pression intérieure qu'elle supporte sur l'unité de surface.

On aura $t = o$, $p = 10333$ kilogrammes, et la formule empirique donnera

$$P = 10333^k.$$

Quant à la formule théorique (27), si on remarque que la densité du gaz, dans les conditions données, est $\rho = \frac{0,0896}{9.809}$ elle devient

$$P = A\,\frac{0,0896}{9.809}\left(\frac{m}{s}\theta - \frac{1}{2}\frac{M}{R}\right).$$

Dans cette expression, les quantités s, m et θ sont inconnues; mais nous allons pouvoir en déduire immédiatement une conséquence très-importante. On en tire

$$\frac{m}{s}\theta = \frac{P\,9{,}809}{A\,0{,}0896} + \frac{1}{2}\frac{M}{R},$$

et, après avoir remplacé P par la valeur empirique trouvée ci-dessus et A par sa valeur du chapitre précédent,

$$\frac{m}{s}\theta = 1724\,000\,000\,000\,000 + \frac{1}{2}\frac{M}{R}$$

Or, dans le cas actuel, on a

$$\frac{1}{2}\frac{M}{R} = \frac{2}{3}\varpi\frac{0{,}0896}{9.809} = 0{,}0191,$$

quantité négligeable à côté du nombre

$$1724\,000\,000\,000\,000.$$

On voit donc, par cette application numérique, que, lorsqu'il s'agit de la force élastique des gaz, on peut négliger, sans erreur sensible, l'effet de l'attraction. Or, dans ce cas, la formule (20) se réduit à la forme (21), qui coïncide avec la loi de Mariotte, et il serait par suite superflu de la vérifier par des applications numériques. Nous nous bornerons donc ici, à déterminer, pour quelques corps particuliers, la valeur de θ, parce qu'elle trouvera son emploi dans le chapitre suivant.

Dans le cas de l'hydrogène, le calcul qui précède nous fournit la valeur

$$\theta_0 = 1724\,000\,000\,000\,000\,\frac{s_0}{m_0}.$$

Supposons, maintenant, la même sphère remplie de gaz oxygène, dont la densité, dans les conditions données, est $\rho = \frac{1.4298}{9.809}$, on trouve

$$\theta_1 = 108\,020\,000\,000\,000\,\frac{s_1}{m_1}.$$

Pour le gaz azote, dont la densité, dans les conditions données, est $\rho = \frac{1.256}{9.809}$, on trouve

$$\theta_2 = 122\,000\,000\,000\,000\,\frac{s_2}{m_2}.$$

Enfin, pour le gaz chlore, dont la densité, dans les mêmes conditions, est $\rho = \frac{3.1947}{9.809}$, on a

$$\theta_3 = 48\,360\,000\,000\,000\,\frac{s_3}{m_3}.$$

CHAPITRE III.

CALCUL DE LA CONSTANTE « K »

73. Il reste maintenant à déterminer, pour chaque espèce de matière, la valeur du coefficient K, qui sert de module aux quantités de chaleur.

Or, au N° 49 nous avons vu que l'on avait

$$K = \frac{\theta}{\theta_0}$$

θ étant la quantité de chaleur du corps donné, pour une température quelconque, et θ_0 celle d'un corps pris pour base, pour la même température.

En prenant l'hydrogène pour base, et en ayant égard aux valeurs de θ trouvées dans le chapitre précédent, pour la température zéro, qui sont:

Pour l'hydrogène

$$\theta_0 = 1724000000000000 \frac{s_c}{m_0}.$$

Pour l'oxygène

$$\theta_1 = 108\,020\,000\,000\,000 \frac{s_1}{m_1}.$$

Pour l'azote

$$\theta_2 = 122\,900\,000\,000\,000 \frac{s_2}{m_2}.$$

Pour le chlore

$$\theta_3 = 48360\,000\,000\,000 \frac{s_3}{m_3}.$$

On trouve pour ces quatre corps les valeurs suivantes de K savoir;
Pour l'hydrogène

(82) $$K_0 = \frac{\theta_0}{\theta_0} = 1 .$$

Pour l'oxygène

$$K_1 = \frac{\theta_1}{\theta_0} = 0{,}0627 \frac{s_1 m_0}{s_0 m_1}.$$

Pour l'azote

$$K_2 = \frac{\theta_2}{\theta_0} = 0{,}0712 \frac{s_2 m_0}{s_0 m_2} .$$

Pour le chlore

$$K_3 = \frac{\theta_3}{\theta_0} = 0{,}0281 \frac{s_3 m_0}{s_0 m_3} .$$

Mais, comme les moyens de l'expérience sont insuffisants pour faire connaître les valeurs de m et de s qui entrent dans ces expressions, on devra remplacer le coefficient K par un autre r qui renferme implicitement ces quantités.

Pour cela, comme en vertu des relations (38) et (39), on a

$$\frac{\theta}{\theta_0} = \frac{m}{m_0} = K ;$$

si on multiplie tous les membres de cette égalité par $\frac{m s_0}{m_0 s}$, en représentant le produit par r, il vient

$$r = \frac{\theta m s_0}{\theta_0 m_0 s} = \frac{m^2}{m_0^2} \frac{s_0}{s} = K^2 \frac{s_0}{s} .$$

Le rapport $\frac{s_0}{s}$ qui multiplie K^2 étant une quantité constante, il en est de même du nouveau coefficient r. Or, la première de ces égalités peut se mettre sous la forme

$$\frac{\theta}{\theta_0} = r \frac{s m_0}{s_0 m} ,$$

et, par suite, en ayant égard aux expressions (82), on reconnaît que les coefficients r ont les valeurs suivantes, savoir:

Pour l'hydrogène

$$r_0 = 1 .$$

Pour l'oxygène

$$r_1 = 0{,}0627 .$$

Pour l'azote

$$r_2 = 0{,}0712 ;$$

Pour le chlore

$$r_3 = 0{,}0281 .$$

74. Comme la valeur du coefficient r peut se mettre sous la forme

$$r = \frac{\left(\frac{m \theta}{s}\right)}{\left(\frac{m_0 \theta_0}{s_0}\right)} ;$$

on voit que ce coefficient s'obtiendra en comparant des quantités de la forme $\frac{m\theta}{s}$. Il suffira par conséquent de calculer, pour le gaz hydrogène, les valeurs de $\frac{m_0\theta_0}{s_0}$ correspondantes à une série de températures, et le terme analogue pour les autres gaz s'obtiendra en multipliant ces quantités par le coefficient r.

On peut prendre pour variable de la chaleur la quantité $\frac{m_0\theta_0}{s_0}$ correspondante aux diverses températures du corps pris pour base, et, alors, en représentant cette quantité par φ la formule (20) peut se mettre sous la forme très-simple:

$$p = A\rho\,(r\,\varphi - n).$$

75. *Remarque.* — Si on rapporte les caloriques spécifiques calculés des gaz simples à celui de l'hydrogène pris pour unité, on trouve, d'après le tableau du N° 70

Pour l'hydrogène

$$c_0 = 1 \;.$$

Pour l'oxygène

$$c_1 = 0{,}0624 \;.$$

Pour l'azote

$$c_2 = 0{,}0705 \;.$$

Pour le chlore

$$c_3 = 0{,}0282 \;.$$

La coïncidence presque parfaite de ces quantités avec les coefficients r correspondants, nous conduit à admettre que ceux-ci ne sont autre chose que des caloriques spécifiques, et, alors, la formule précédente peut se mettre sous la forme

$$p = A\rho\,(c\varphi - n)\;;$$

c étant le calorique spécifique du gaz.

76. — L'identité des caloriques spécifiques et des coefficients r semble encore se vérifier pour les gaz binaires dont la molécule est formée d'un atome de chaque corps simple composant; ainsi, l'on trouve:

Pour l'oxyde de carbone, dont la formule est $C\frac{1}{2}\,O\frac{1}{2}$,

$$r = 0{,}072 \quad , \quad c = 0{,}071 \;.$$

Pour le deutoxyde d'azote, dont la formule est $Az\frac{1}{2}\,O\frac{1}{2}$,

$$r = 0{,}067 \quad , \quad c = 0{,}066 \;;$$

Pour l'acide hydrochlorique, dont la formule est $H\frac{1}{2}\,Cl\frac{1}{2}$,

$$r = 0{,}055 \quad , \quad c = 0{,}055 \;.$$

77. — Enfin, pour les gaz binaires dont la molécule est composée de deux atomes d'un des corps simples composants et d'un atome de l'autre,

il semble résulter que le rapport du coefficient r au calorique spécifique est constamment égal à $\frac{2}{3}$; ainsi, pour l'acide carbonique dont la formule est $C\frac{1}{3}\,O\frac{2}{3}$ on a

$$\frac{r}{c} = \frac{0,045}{0,068} = 0,66\ ;$$

pour l'acide sulfureux, dont la formule est $S\frac{1}{3}\,O\frac{2}{3}$, on a

$$\frac{r}{c} = \frac{0,031}{0,047} = 0,66\ ;$$

et pour le protoxyde d'azote, dont la formule est $Az\frac{2}{3}\,O\frac{1}{3}$, on a

$$\frac{r}{c} = \frac{0,045}{0,067} = 0,67\ .$$

Toutefois, nous ne donnons ces derniers rapports que pour mémoire, et comme pouvant mettre sur la voie de la découverte de quelque relation remarquable entre les caloriques spécifiques et les coefficients r.

Remarque. — Cette coïncidence entre des quantités obtenues par des voies si différentes est une preuve incontestable de la réalité de la théorie.

78. Quant à la valeur du coefficient K lui-même, le seul procédé en notre pouvoir pour la déterminer, est celui qui consisterait à se servir des caloriques spécifiques: car, si dans la formule (69) on substitue à la place de T sa valeur (65), on a

$$C\left(T_0' - \frac{T_0' K + T_0 K_1}{K + K_1}\right) = \frac{T_0' K + T_0 K_1}{K + K_1} - T_0\ ,$$

ce qui donne, après les réductions,

$$C K_1 = K\ ;$$

d'où l'on tire

$$K_1 = \frac{K}{C}\ .$$

Or, si C est le calorique spécifique d'un corps donné, rapporté à un autre corps pris pour base dont le calorique spécifique et le coefficient K sont pris pour unités, on aura

$$K_1 = \frac{1}{C},$$

c'est-à-dire que le coefficient K est l'inverse du calorique spécifique.

En prenant l'hydrogène pour base, on a, pour ce corps,

$$K_0 = 1\ ;$$

pour l'oxygène

$$K_1 = \frac{1}{0,0624} = 16,02\ ;$$

pour l'azote

$$K_2 = \frac{1}{0,0705} = 14.18\ ;$$

et pour le chlore

$$K_3 = \frac{1}{0,0282} = 35.51\ .$$

79. Comme, d'après le N° 50, les coefficients K sont dans le même rapport que les masses des molécules, il résulte des valeurs précédentes de ces coefficients que les masses des molécules de l'hydrogène, de l'oxygène, de l'azote et du chlore sont entre elles respectivement comme

$$1 : 16,02 : 14,18 : 35,51$$

et l'on s'explique ainsi parfaitement la grande légèreté de l'hydrogène comparativement aux autres gaz.

CHAPITRE IV.

MÉTAPHYSIQUE MOLÉCULAIRE.

80. Indépendamment des lois qui régissent les phénomènes moléculaires, il existe un autre ordre de connaissances, qui intéresse la science de la Physique Mathématique; nous voulons parler de la source de ces lois elles-mêmes ou, pour mieux dire, de la Métaphysique moléculaire.

Dans l'état actuel de la science, on ne possède aucune notion satisfaisante sur cette matière, si ce n'est deux hypothèses, déjà anciennes, sur la cause de la chaleur, qui se disputent tour-à-tour le privilège d'expliquer tous les phénomènes qu'on attribue au calorique; ce sont les systèmes de *l'émission* et des *ondulations*. Les derniers progrès de la Physique moderne ont fait donner la préférence au dernier de ces systèmes; mais, comme le premier se prête mieux aux démonstrations, on l'a adopté, en général, pour l'explication des phénomènes dus à la chaleur.

Il est, sans doute, très-singulier qu'on ait accordé la préférence au système qui se prête le moins bien à l'explication des phénomènes; et cette anomalie aurait dû, ce nous semble, faire concevoir des doutes sur la valeur du choix qu'on avait fait entre les deux systèmes.

Les lois que nous avons déduites pour la transmission du calorique, l'analogie de ce problème avec celui de l'équilibre du liquide dans deux vases communiquants, et la suite de ce chapitre, nous conduisent à admettre que le calorique est un fluide qui se communique de molécule à molécule et que, par conséquent, le système de l'émission est seul admissible.

81. Dans toutes les branches de la Physique mathématique, abordées jusqu'à ce jour, on a été obligé d'admettre l'existence de l'éther, c'est-à-dire d'un fluide extrêmement subtil répandu dans les espaces intermoléculaires. Toutefois, l'existence de ce fluide étant admise, il reste à savoir si ses atomes se trouvent disséminés dans l'espace vide entre les molécules pondérables, ou s'ils se joignent à ces dernières. C'est là une question importante, que nous allons tâcher d'éclaircir.

Soient μ et μ' deux molécules données et θ l'intensité de la force concentrée en chacune d'elles. Supposons que cette force varie en raison inverse d'une certaine puissance de la distance, et soit

$$\frac{\theta}{r^m}$$

l'action exercée sur la molécule μ' par la force θ concentrée dans μ, et, réciproquement, sur la molécule μ par la force θ concentrée en μ'.

Il est d'abord évident qu'une fonction dont la valeur est

$$\theta \quad \text{en} \quad \mu \quad ,$$

et

$$\frac{\theta}{\gamma^{m}} \quad \text{en} \quad \mu' \quad ;$$

et qui reste continue entre ces limites, forme, en passant par toutes les phases successives de sa variation, une progression infinie dont le premier terme est

$$\theta \quad \text{ou} \quad \frac{\theta}{\gamma^{0}},$$

et le dernier terme

$$\frac{\theta}{\gamma^{m}};$$

et dont les termes intermédiaires, de la forme générale

$$\frac{\theta}{\gamma^{n}},$$

sont obtenus en donnant à n toutes les valeurs croissantes par degrés insensibles entre zéro et m.

En outre, comme les actions mutuelles des deux molécules tendent à produire le même effet, elles s'ajoutent, et la résultante des actions réunies sera égale, pour chacune d'elles, à son action propre augmentée de celle qui lui vient de l'autre, c'est-à-dire qu'elle aura pour valeur

$$\theta + \frac{\theta}{\gamma^{m}}.$$

L'intensité des actions réunies des deux molécules μ et μ' en un point quelconque de leur distance s'obtient facilement en vertu de la progression dont il a été parlé ci-dessus. En remarquant que l'action de la molécule μ sur ce point étant représentée par le terme de l'ordre n c'est-à-dire par

$$\frac{\theta}{\gamma^{n}},$$

l'action de la molécule μ' sur le même point sera représentée par le terme de l'ordre $m-n$, c'est-à-dire par

$$\frac{\theta}{\gamma^{m-n}};$$

et, par suite, la résultante de ces actions, en la représentant par ω, aura pour expression

$$\omega = \frac{\theta}{\gamma^{n}} + \frac{\theta}{\gamma^{m-n}}. \tag{83}$$

Supposons, maintenant, qu'on applique aux deux molécules μ et μ' des forces ayant pour effet d'équilibrer leur action mutuelle. Il est évident qu'il suffira, pour cela, que la résultante de ces forces soit égale à la valeur minimum de ω : car il arrive exactement ici ce qui a lieu pour l'effort de traction appliqué à un corps qui, comme celui de la fig. 8, présenterait un étranglement sur un point de sa longueur, et pour lequel la résistance à la rupture serait donnée par la limite de l'élasticité correspondante à la section minimum *ab*.

Comme l'expression (83) donne, pour la valeur de n qui rend ω minimum,

$$n = \frac{m}{2};$$

en vertu de cette valeur de n, celle de ω devient définitivement

$$\omega = \frac{2\theta}{r^{\frac{m}{2}}}.$$

82. — Pour faire une application de cette formule, examinons le cas où μ et μ' sont deux molécules d'éther ou deux centres de répulsion.

Alors, en remarquant que, dans un ouvrage récent sur la théorie de la lumière, M. Briot arrive à conclure que les molécules d'éther se repoussent en raison inverse de la *sixième* puissance de la distance, on aura

$$m = 6\ ,$$

et la valeur précédente de ω deviendra

$$\omega = \frac{2\theta}{r^3}.$$

Ce qui signifie que l'intensité de la force répulsive mutuelle varie en raison inverse du *cube* de la distance, comme nous le savions déjà d'autre part.

83. — En rapprochant cette expression de la force répulsive de celle

$$\frac{a\theta}{r^3},$$

qui résulte de la formule (3), on reconnaît que la distance entre les molécules d'éther est la même que celle entre les molécules pondérables; d'où l'on conclut que les molécules d'éther se combinent avec ces dernières; et que leur action répulsive se propage dans le vide entre les molécules pondérables au moyen d'un fluide véhicule analogue à celui qui propage l'action attractive.

Il résulte évidemment de tout cela que le calorique est une espèce de matière dont les molécules possèdent le fluide répulsif, de la même manière que les molécules pondérables possèdent le fluide attractif. Ce corps a été classé parmi les fluides impondérables parce que, par sa nature, il échappe à la loi de la pesanteur qui est une force attractive; mais cette définition n'est vraie que dans le sens restreint de l'attraction: car, de ce que la force répulsive varie en raison directe de la quantité de chaleur, on conclut que, dans le sens de la répulsion, le calorique possède une pondérabilité négative. Dans le troisième livre, en parlant de la formation des cristaux, nous avons déjà eu occasion de voir que le calorique, prenant les caractères d'une espèce de matière, se substituait au liquide dissolvant, entrait comme lui dans la constitution de la molécule intégrante et donnait lieu à des phénomènes analogues.

Mais, puisque les molécules pondérables et le calorique ne peuvent transmettre leur action attractive et répulsive qu'au moyen de fluides véhicules particuliers, on ne peut concevoir la nature de ces derniers, qu'en leur supposant des propriétés analogues à celles que nous avons trouvées pour la matière. C'est-à-dire qu'à leur tour ils seront composés d'atomes qui auront besoin d'un véhicule pour exercer leur action. Ainsi s'enchaîne, vraisemblablement, suivant une loi inconnue, la continuité indéfinie de l'univers, depuis des masses à côté desquelles les plus grands astres connus seraient des atomes, jusqu'à des fluides infiniment plus subtils que calorique, la lumière et l'électricité.

CONCLUSION

Nous nous étions proposé l'Étude de l'Élasticité et de la Constitution intérieure des corps, au moyen d'un principe nouveau, préalablement démontré, qui se compose de la loi de Newton complétée par celle de la répulsion. Rapprochant ainsi, dans un lien unique, les deux Mécaniques céleste et terrestre.

Nous croyons avoir suffisamment réussi dans ce premier essai, car, partout, il nous a suffi d'interroger simplement le principe nouveau, ou de l'appliquer conformément aux règles de la Mécanique rationnelle, pour avoir l'explication des phénomènes les plus mystérieux de la nature physique.

Mais, la Théorie de l'Élasticité n'a pas été seule à profiter de ce principe. Grâce à lui, la Théorie de la Chaleur, débarrassée enfin de l'hypothèse de Newton, que l'expérience avait condamnée depuis longtemps et qui entravait sa marche, a pu entrer dans une phase nouvelle et prouver, par ses premiers résultats, qui touchent autant à la Chimie qu'à la Physique, qu'elle est devenue une branche vraiment rationnelle de la Physique mathématique.

La Théorie que nous inaugurons par la courte Étude que nous venons de faire, est empreinte d'une simplicité si naturelle que, malgré les lacunes et les nombreuses imperfections dont elle est sans doute entachée, on reconnaît qu'elle est l'interprète fidèle de la merveilleuse harmonie des forces de la Nature. Pénétrant par la pensée dans l'intérieur des corps, il semble qu'on peut y voir fonctionner les forces qui agissent sur la matière, déterminer leur intensité ; analyser les corpuscules élémentaires, déterminer leur masse et leur distance ; étudier leur forme, leur manière de se réunir pour former des masses amorphes ou de magnifiques cristaux. Et si nous ne pouvons pas encore percevoir tous les éléments de ces nouveaux êtres, c'est que la Science expérimentale, moins avancée que la Théorie, est impuissante à nous en fournir le moyen.

Des résultats si importants, pour une Théorie qui n'est qu'à son début, nous donnent la mesure des révélations que nous sommes en droit d'attendre de la Mécanique moléculaire, lorsqu'elle aura acquis tout son développement, et qu'elle aura doté toutes les branches de la Physique mathématique de ses principes immuables. Nos espérances ne seront pas déçues, car il n'est plus permis désormais de douter de la prodigieuse puissance révélatrice des Sciences mathématiques. Limitées simplement à leur début aux formes géométriques des corps, elle se sont élevées depuis dans les hautes régions planétaires, et, maintenant, elles pénètrent dans l'intérieur des corps eux-mêmes. Tout d'ailleurs fait présager qu'elles ne s'arrêteront pas dans une si belle voie et que, par une marche progressive, elles étendront encore, bien au delà de ses limites actuelles, leur domaine déjà si vaste.

FIN.

TABLE DES MATIÈRES.

LIVRE IV.

THÉORIE DE LA CHALEUR.

LIVRE V.

APPLICATIONS NUMÉRIQUES — CALCUL DES CONSTANTES — MÉTAPHYSIQUE MOLÉCULAIRE.

FIN DE LA TABLE DES MATIÈRES.

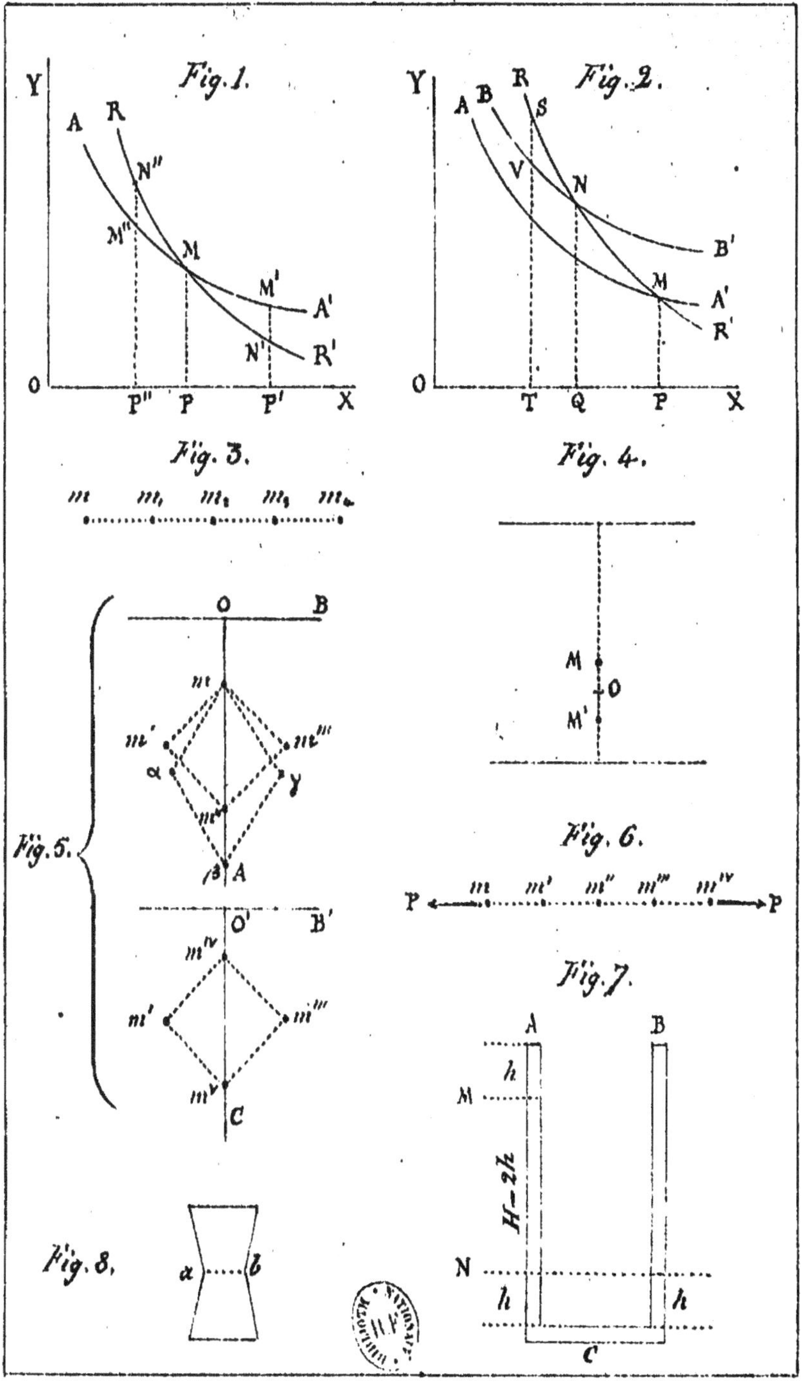
Fig. 1.
Y
A
R
N''
M''
M
M'
A'
N'
R'
O
P''
P
P'
X
Fig. 2.
Y
A
B
R
S
V
N
B'
M
A'
R'
O
T
Q
P
X
Fig. 3.
Fig. 4.
M
O
M'
Fig. 5.
O
B
A
O'
B'
C
Fig. 6.
P
P
Fig. 7.
A
B
h
M
H−2h
N
h
h
C
Fig. 8.
a
b

Documents manquants (pages, cahiers...)

NF Z 43-120-13

www.ingramcontent.com/pod-product-compliance
Lightning Source LLC
Chambersburg PA
CBHW050612210326
41521CB00008B/1226
* 9 7 8 2 0 1 9 5 9 9 2 6 3 *